微分積分学の基礎

隅山孝夫 著

学術図書出版社

はじめに

　多岐にわたる自然科学を支える柱の1つとしての数学の重要性はあらためて述べるまでもないが，数学とそれを学ぶ人との関係ということになると実に多様である．したがって，本書のような本を世に送り出すに際しては，読者としていかなる人を想定するかということが問題になる．

　本書は微分積分学とよばれる分野の入門的な概説書であり，著者が勤務する愛知工業大学においてテキストとして使うことをまず念頭においている．もちろん本として書店に置く以上，一般の方々にも読んでいただきたいわけであって，高等学校を卒業した程度の学力をもった方を読者に想定している．

　最近の大学生は多様化してきている．学力も，学問の嗜好もさまざまである．こうなると大学としても方策を講じる必要があるというわけで，平成16年度から著者の勤務する大学でも微分積分の授業を習熟度でエレメンタリークラスとスタンダードクラスに分けて行うことになった．数学というものは考えることに意義があるものであるから，「習熟度」という言葉は適当ではないと著者は考えているが，とにかくこの言葉が大学という社会で定着しつつある．

　はじめは，自分がどちらのクラスを選んだらよいか判断がつかない学生もいたりして若干の混乱もあったが，概して習熟度別の授業は学生諸君に好評であるので成功であったと著者は思っている．そのようなわけで，この本を著述するにあたっては，どちらのクラスでもテキストとして使えるように配慮したつもりである．

　一般の方々も，以上のような本書成立の事情を念頭において読んでいただければ，また興味深く感ぜられることかと思う．

原稿に何度も目を通して有益な助言をくださった愛知工業大学の中村豪先生と，この書を執筆することをお薦め下さった学術図書出版社の高橋秀治さんにここで深く感謝の意を表したい．

2006 年 3 月 10 日

著者

目　　次

第 1 章　基本概念　　1
- 1.1　関数 …… 1
- 1.2　命題と論理 …… 5
- 1.3　実数 …… 8
- 1.4　集合 …… 12

第 2 章　数列と極限　　17
- 2.1　数列 …… 17
- 2.2　単調数列 …… 25
- 2.3　関数の極限 …… 28
- 2.4　連続関数 …… 32
- 2.5　逆関数と逆三角関数 …… 40

第 3 章　微分　　48
- 3.1　微分係数 …… 48
- 3.2　平均値の定理 …… 58
- 3.3　de l'Hospital の定理 …… 66

第 4 章　積分　　70
- 4.1　不定積分 …… 70
- 4.2　定積分 …… 82
- 4.3　異常積分 …… 89
- 4.4　極座標と積分の応用 …… 96
- 4.5　曲率 …… 102

第5章　偏微分　106

- 5.1　平面上の位相 ... 107
- 5.2　多変数の関数 ... 112
- 5.3　偏導関数 ... 124
- 5.4　陰関数 ... 135
- 5.5　関数行列式 ... 141
- 5.6　多変数関数の極値 ... 144
- 5.7　空間の曲線と接平面 ... 152

第6章　重積分　159

- 6.1　重積分の定義と累次積分 ... 160
- 6.2　変数変換と応用 ... 166
- 6.3　3重積分 ... 175

問題略解　181

1 ●基本概念

直線上を運動する物体（質点）があるとする．この質点の時刻 t における位置を p とすると，p は t によって変わる．t とか p のように値の変わる量を変数といい，t によって値

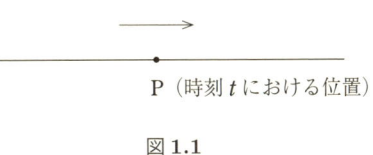

P（時刻 t における位置）

図 1.1

が決まる（したがって，t の値が変化すれば変化する）量を t の関数という．このような場合，便宜上 t は独立変数とよばれ，p は従属変数とよばれる．

§1.1 関数

以下，独立変数を x，従属変数を y で表すことにする．

y が x の関数であるということを $y = f(x)$ と書き表す．ここで f は x に y を対応させる機能を表している．

例　$f(x) = x^2$

この場合，x に対して $y = x^2$ という値が対応する．

$y = f(x)$ が x の関数であるとき，xy 平面上の点 (x, y) で等式 $y = f(x)$ をみたす点全体をつなぐと 1 つの曲線が得られる．これを関数 $y = f(x)$ のグラフという．

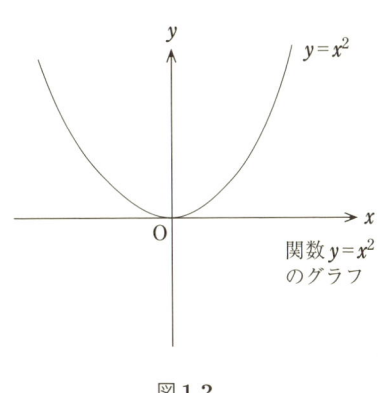

関数 $y = x^2$ のグラフ

図 1.2

■ いろいろな関数 ■

(1) 多項式で表される関数

$y = cx^n$ （c は定数, n は固定された自然数）の形の和. x^0 は定数項 1 を表す.

$$y = \frac{1}{2}x^3 - 4x + 7$$

など.

(2) 分数や根号で表される関数

$$y = \frac{1}{x}, \; y = \sqrt{x}$$

など. $\dfrac{1}{x}$ を x^{-1}, $\sqrt{x}$ を $x^{\frac{1}{2}}$ とも書き表す. 一般に,

$$x^{\frac{1}{n}} = \sqrt[n]{x}, x^{-\frac{1}{n}} = \frac{1}{\sqrt[n]{x}}, x^{\frac{m}{n}} = (\sqrt[n]{x})^m.$$

これらは次の指数法則をみたす.

$$x^\alpha x^\beta = x^{\alpha+\beta}, \; (x^\alpha)^\beta = x^{\alpha\beta},$$

（$x > 0$. α, β が自然数ならばすべての実数 x について成り立つ.）

関数 $y = \sqrt{x}, y = \dfrac{1}{x}$ のグラフは図 1.3 のとおりである.

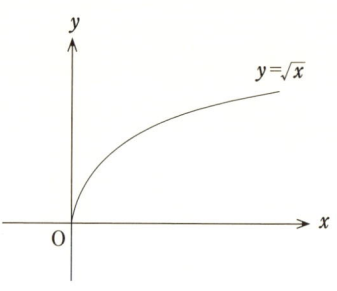
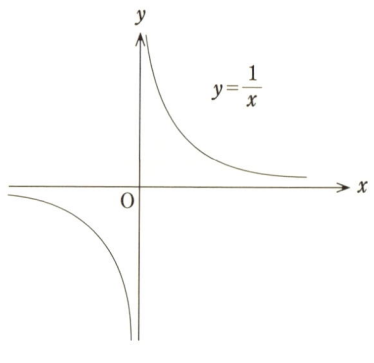

図 1.3

問題 **1.1.1.**

(i) $\dfrac{x^{\frac{1}{2}}+1}{x^{\frac{1}{2}}-1} - \dfrac{2x^{\frac{1}{2}}}{x-1}$ を簡単にせよ.

(ii) $\dfrac{1}{2x}\left(\dfrac{x+1}{\sqrt[3]{x}+1} + \sqrt[3]{x} - 1\right)$ を簡単にせよ.

(iii) $f(x) = 2(x+3)^{-\frac{1}{2}} - (7+x)^{\frac{2}{3}}$ について $f(1)$ の値を求めよ.

(iv) $f(x) = \dfrac{x}{x^2+1}$ とすれば,
$$\left\{\frac{1}{t}f(\sqrt{t})\right\}^{-1} = (t+1)^2$$
であることを示せ.

(v) $\dfrac{x^{\frac{1}{2}}}{x^{\frac{1}{3}}-1} = 2\sqrt{2}$ となる正の数 x を求めよ.

(vi) $\dfrac{1}{\sqrt{x}} + x - 2\sqrt{x} = 0$ となる正の数 x を求めよ.

(3) 三角関数

三角関数は次のように定義される．xy 平面において，原点を中心とする半径 r の円があるとする．この円周上，x 軸の正の向きから角度 θ の位置にある点を $\mathrm{P}(x,y)$ とするとき（図 1.4），
$$\cos\theta = \frac{x}{r},\ \sin\theta = \frac{y}{r},\ \tan\theta = \frac{y}{x}$$
とする．

習慣上，$(\cos\theta)^2$ を $\cos^2\theta$, $(\sin\theta)^2$ を $\sin^2\theta$ と書く．ただし，$\sin^{-1}\theta$ は $\dfrac{1}{\sin\theta}$ のことではない（これは後述の逆三角関数である）．

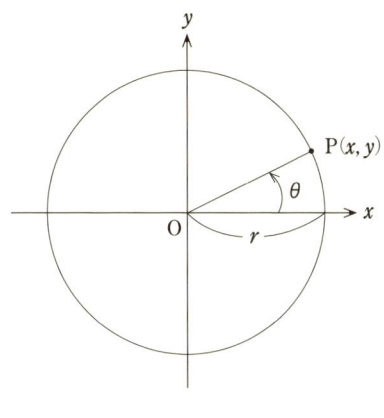

図 1.4

$\dfrac{1}{\cos\theta} = \sec\theta,\ \dfrac{1}{\sin\theta} = \operatorname{cosec}\theta,\ \dfrac{1}{\tan\theta} = \cot\theta$ などの記号も使われることがある．

三角関数は次の性質をみたす．
$$|\sin\theta| \leqq 1,\quad |\cos\theta| \leqq 1$$
$$\tan\theta = \frac{\sin\theta}{\cos\theta},\quad \sin^2\theta + \cos^2\theta = 1$$
$$\sin(\alpha+\beta) = \sin\alpha\cos\beta + \cos\alpha\sin\beta\ （加法公式）$$
$$\cos(\alpha+\beta) = \cos\alpha\cos\beta - \sin\alpha\sin\beta\ （加法公式）$$
$$\tan(\alpha+\beta) = \frac{\tan\alpha + \tan\beta}{1 - \tan\alpha\tan\beta}\ （加法公式）$$

問題 **1.1.2.**
(1) 加法公式を用いて次の倍角公式を導け．
$$\sin 2\theta = 2\sin\theta\cos\theta$$
$$\cos 2\theta = \cos^2\theta - \sin^2\theta = 2\cos^2\theta - 1 = 1 - 2\sin^2\theta$$
$$\tan 2\theta = \frac{2\tan\theta}{1 - \tan^2\theta}$$

(2) 上の倍角公式を用いて $\sin\dfrac{\pi}{8},\ \tan\left(-\dfrac{7\pi}{8}\right)$ を求めよ．

問題 **1.1.3.** $\tan\dfrac{\theta}{2} = t$ として，$\sin\theta, \cos\theta$ をおのおの t の式で表せ．

(4) 指数関数，対数関数

a を正の，1 と異なる定数とすると，関数 $y = a^x$ のグラフは図 1.5 のようになる．

関数 $y = a^x$ の逆関数が $y = \log_a x$ である（逆関数については後述）．つまり，正の数 x と実数 y のあいだに $x = a^y$ という関係があるとき，$y = \log_a x$ と書かれる．$y = \log_a x$ のグラフは図 1.6 のとおりである．形式上，$a^0 = 1$ とする．

指数関数と対数関数は次の性質をみたす．

$$a^x a^y = a^{x+y}, \quad (a^x)^t = a^{xt}$$

$$\log_a(xy) = \log_a x + \log_a y$$

$$\log_a x^t = t \log_a x$$

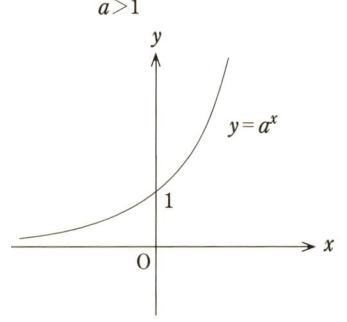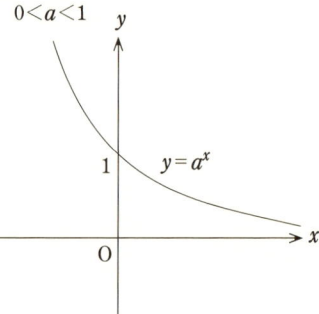

図 1.5

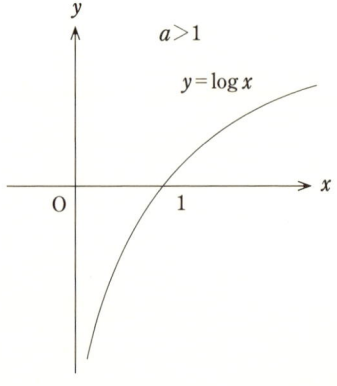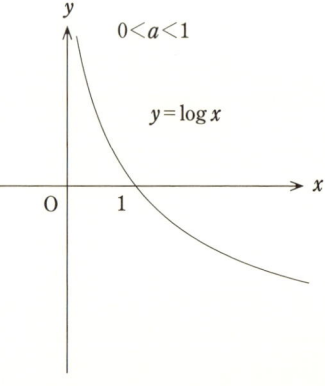

図 1.6

問題 **1.1.4.**
(1) 上に述べた対数の性質から次のことを証明せよ．
$$-\log_a x = \log_a \frac{1}{x} \ (x>0)$$
$$\log_a \left(\frac{x}{y}\right) = \log_a x - \log_a y \ (x,y>0)$$
(2) $\log_2 128$, $\log_{0.1} 100$ の値はそれぞれいくつか．
(3) 次の恒等式を証明せよ．
$$\log_a a^x = x, \quad a^{\log_a x} = x \ (x>0)$$

§1.2 命題と論理

「1 より大きく 3 より小さい自然数は 2 だけである．」

「素数は有限個しか存在しない」

のように，ある対象について述べた，真偽が確定できる文を命題という．上の最初の命題は真であり，2 番目の命題は偽である．

命題を $P, Q, \cdots$ といった記号で表す．複数の命題を論理記号で結合することができる．

$P \wedge Q$ は命題 P, Q がどちらも正しいことを主張する（P and Q）．

$P \vee Q$ は命題 P, Q の少なくとも一方は正しいことを主張する（P or Q，両方とも正しくてもよい）．

たとえば，「自然数は無限に多く存在する」という命題を P，「月は地球より重い」という命題を Q とすれば，P は真であり，Q は偽である．したがって，$P \wedge Q$ は偽であり，$P \vee Q$ は真である．

$\neg P$ は命題 P の否定を表す．

「自然数は無限に多く存在する」という命題 P に対しては，$\neg P$ は「自然数は無限に多くは存在しない（有限個しかない）」という命題を表す．

命題 P が真ならば $\neg P$ は偽である．また，命題 P が偽ならば $\neg P$ は真である．常に，命題 P と $\neg P$ のいずれか一方のみが真である．

$P \Rightarrow Q$ は，命題 P が真であるときは必ず命題 Q が真であるという命題を

表す．

( ) も論理記号である．(と) は一対で，囲まれたものをひとまとめにする．

「… は動物である」という命題の真偽は，… の部分が何かによる．「犬は動物である」という命題は真であるが，「万年筆は動物である」という命題は偽である．このような場合，… に相当する部分を記号で表すと便利である．このような記号を命題変数という．

「x は動物である」という命題には命題変数 x が含まれているので，このような命題は $P(x)$ といった記号で表す．この場合，x が犬やネコならば $P(x)$ は真であり，x が万年筆とか本ならば $P(x)$ は偽である．

∀ は全称記号といい，「任意の」という意味である．

この本の読者全体の集合を S で表すと，

$$(\forall x \in S) \quad (x\text{ は人間である})$$

は「この本の読者は皆人間である」という命題を表している．

∃ は存在記号といい，そこに示された条件をみたす対象が（少なくとも 1 つ）存在することを表す．

$$(\exists x \in S) \quad (x\text{ はメガネをかけている})$$

は「この本の読者のなかにはメガネをかけている人がいる」という命題を表している．

≡ は論理的同値を表す．つまり，$P \equiv Q$ は $(P \Rightarrow Q) \wedge (Q \Rightarrow P)$ と同じである．

次のような論理規則が成り立つ．⇒ の前に何も書いてないのは，⇒ の後の式が無条件に成立することを表している．

(1) $\neg(\neg P) \equiv P$
(2) $(P \wedge Q) \equiv (Q \wedge P)$
(3) $(P \vee Q) \equiv (Q \vee P)$
(4) $(P \wedge Q) \Rightarrow P$
(5) $P \Rightarrow (P \vee Q)$
(6) $((P \Rightarrow Q) \wedge (Q \Rightarrow R)) \Rightarrow (P \Rightarrow R)$

(7) $\Rightarrow (P \vee (\neg P))$
(8) $((\forall x)P(x)) \Rightarrow P(a)$
(9) $P(a) \Rightarrow ((\exists x)P(x))$
(10) $\neg(P \wedge Q) \equiv ((\neg P) \vee (\neg Q))$
(11) $\neg(P \vee Q) \equiv ((\neg P) \wedge (\neg Q))$
(12) $(P \Rightarrow Q) \equiv ((\neg P) \vee Q)$

全称記号を含む命題を否定すると，全称記号は存在記号に変わる．S がこの本の読者全体の集合を表すとき，

$R \equiv ((\forall x \in S) \quad (x \text{ は人間である}))$

は「この本の読者は皆人間である」という命題であるが，もしこれが偽であるとすると，この本の読者のなかに人間でないモノが混じっていることになる．すなわち，

$(\neg R) \equiv ((\exists x \in S) \quad (x \text{ は人間ではない}))$.

同様に，存在記号を含む命題を否定すると，存在記号は全称記号に変わる．一般に，

(11) $\neg((\forall x \in A)P(x)) \equiv ((\exists x \in A)(\neg P(x)))$
(12) $\neg((\exists x \in A)P(x)) \equiv ((\forall x \in A)(\neg P(x)))$

である．

実数 x に対して「x は 100 より大きい」という命題を $P(x)$，「x は 10 より大きい」という命題を $Q(x)$ とすると，$P(x) \Rightarrow Q(x)$ は真である．しかし，$Q(x) \Rightarrow P(x)$ は偽である．

$P \Rightarrow Q$ という形の命題 R において，P は仮定であり，Q は結論である．$Q \Rightarrow P$ を R の逆という．$(\neg P) \Rightarrow (\neg Q)$ を R の裏という．また，$(\neg Q) \Rightarrow (\neg P)$ を R の対偶という．

上の例でいえば，

「x が 100 より大きいならば，x は 10 より大きい」

という命題 R（これは真である）に対して，R の逆は

「x が 10 より大きいならば，x は 100 より大きい」

となる（これは偽である）．R の裏は

「x が 100 以下ならば，x は 10 以下である」
となる（これも偽である）．また，R の対偶は
「x が 10 以下ならば，x は 100 以下である」
となる（これは真である）．

命題とその逆あるいは裏と真偽は一致しない．しかし命題とその対偶はつねに同値である．

> 問題 1.2.1. 次の命題の否定を述べよ．
> (1) 世界で一番高い山はヒマラヤ山脈にある．
> (2) 私の両親はどちらも存命です．
> (3) （ここに 5 人の子供がいるとして）この 5 人の子供のうち少なくとも 1 人は男の子である．
> (4) いかなる山にも少なくとも 1 本は木が生えている．
> (5) 方程式 $f(x) = 0$ の根は $x = 0$ のみである．
>
> 問題 1.2.2. 次の命題について逆，裏，対偶を述べ，それらが真か偽か考えよ（a, b は実数とする）．
> (1) もし $a = b$ ならば $a^2 = b^2$ である．
> (2) もし $a + b = 2$ ならば $a = 1, b = 1$ である．
> (3) もし $a < 0, b < 0$ ならば，$ab > 0$ である．

§1.3 実数

実数の全体を実数体という．実数体は数直線で表される．

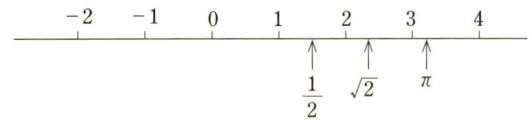

図 1.7

$\dfrac{a}{b}$（a, b は整数，$b \neq 0$）の形に表される実数を有理数という．有理数でない実数を無理数という．$\sqrt{2}, \pi$（円周率）などは無理数である．

以下，実数の全体を記号 $\boldsymbol{R}$ で表すことにする．整数の全体を記号 $\boldsymbol{Z}$，自然

数の全体を記号 N で表す.

$$\text{実数} \begin{cases} \text{有理数} \begin{cases} \text{整数} \begin{cases} \text{自然数} \\ 0 \\ \text{負の整数} \end{cases} \\ \text{整数でない有理数} \end{cases} \\ \text{無理数} \end{cases}$$

実数 a に対して,

$$|a| = \begin{cases} a \ (a \geqq 0) \\ -a \ (a < 0) \end{cases}$$

を a の絶対値という.

定義より,

$$|a| \geqq 0, \ |a| = |-a|, \ |ab| = |a| \cdot |b|$$

である.また,次の三角不等式が成立する.

$$|a+b| \leqq |a| + |b|$$

実数体は次のような性質(構造)をもっている.

(I) 代数的な構造(四則)

2つの実数 a, b に対して,和 $a+b$,差 $a-b$,積 $a \times b = ab$,商 $a \div b = \dfrac{a}{b}$ ($b \neq 0$) が決まる.これらの演算は次の規則をみたす.

$a + b = b + a$

$(a+b) + c = a + (b+c)$

$ab = ba$

$(ab)c = a(bc)$

$a(b+c) = ab + ac$

$(a+b)c = ac + bc$

$a0 = 0$

$a1 = 1$

(II) 順序の構造（大小の関係）

2つの実数 a,b に対して，$a<b, b<a, a=b$ のうちいずれかが成立する．$a>b$ は $a-b>0$ と同値である．

$(a<b) \vee (a=b)$ を $a \leqq b$（または $a \leq b$）と書く．

$a<b, a>b, a \leqq b, a \geqq b$ のように大小関係を表す式を**不等式**という．不等式に関する基本的な規則は次のとおりである．

(1) $a>0, b>0$ ならば $ab>0$

(2) $a>0, b<0$ ならば $ab<0$

(3) $a<0, b<0$ ならば $ab>0$

(4) $a>b, b>c$ ならば $a>c$

(5) $a>b, c>0$ ならば $ac>bc$

(6) $a>b, c<0$ ならば $ac<bc$

(7) $a>0$ ならば $\dfrac{1}{a}>0$

(8) $a<0$ ならば $\dfrac{1}{a}<0$

(9) $a>b>0$ ならば $\dfrac{1}{a}<\dfrac{1}{b}$

(10) $a<b<0$ ならば $\dfrac{1}{a}>\dfrac{1}{b}$

(11) $a>b$ ならば $a+c>b+c$

(12) $a>b, a'>b'$ ならば $a+a'>b+b'$

(13) $a \geqq b, a'>b'$ ならば $a+a'>b+b'$

有限個の実数 $a_1, a_2, \cdots, a_n$ に対しては，これらのなかで最大の数がある．これを $\max\{a_1, a_2, \cdots, a_n\}$ で表す．同様に，最小の数を $\min\{a_1, a_2, \cdots, a_n\}$ で表す．

定数 a, b に対して，不等式 $a<x<b$ をみたす実数 x の集合を**開区間**といい，記号 (a,b) で表す．また，不等式 $a \leqq x \leqq b$ をみたす実数 x の集合を**閉区間**といい，記号 $[a,b]$ で表す．

不等式 $a<x$ をみたす実数 x の集合を $(a, +\infty)$ で表す．また，不等式 $x<b$ をみたす実数 x の集合を $(-\infty, b)$ で表す．これらも開区間といわれる．

不等式 $a \leqq x < b$ をみたす実数 x の集合は記号 $[a,b)$ で表される．また，不

等式 $a < x \leq b$ をみたす実数 x の集合は記号 $(a,b]$ で表される．これらを半開区間という．

Archimedes の公理 $0 < x < a$ である実数 a, x に対して，$Nx > a$ となる自然数 N が存在する．

(III) **稠密性** いかなる区間にも無限に多くの実数が含まれる．

(IV) **非有界性** 任意の実数 a に対して，$a < b$ である実数 b が存在する．また，任意の実数 a に対して，$c < a$ である実数 c が存在する．

(V) **連続性**

閉区間の無限列
$$I_1 \supseteq I_2 \supseteq \cdots \supseteq I_n \supseteq I_{n+1} \supseteq \cdots$$
があり，i が無限に大きくなるとき I_i の幅が 0 に収束するとする．ならば，すべての I_i に共通に含まれる実数 a が唯一存在する（**Cantor の公理**）．

（記号 $\supseteq$ については p.13 を参照．）

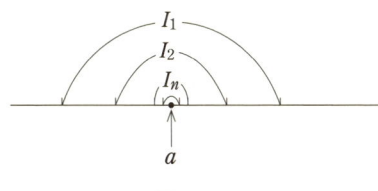

図 **1.8**

問題 **1.3.1.** 次のことを証明せよ．
(1) $a \geq 0, b \geq 0$ ならば $ab \geq 0$ である．
(2) $a \geq b, c > 0$ ならば $ac \geq bc$ である．
(3) $a \geq b, c \geq 0$ ならば $ac \geq bc$ である．
(4) $a \geq b, a' \geq b'$ ならば $a + a' \geq b + b'$ である．

問題 **1.3.2.**
(1) $a > 3$ のとき，$\dfrac{1}{a}$ はいかなる範囲にあるか．
(2) $a > 9, 1 < b < 10$ のとき，$\dfrac{1}{a} - 2b$ はいかなる範囲にあるか．
(3) $1 < a < 2, 3 < t \leq 6$ のとき，$-10a + t$ はいかなる範囲にあるか．

(4) $-5 < x < -1$, $3 \leq b \leq 4$ のとき, $\dfrac{1}{x} - \dfrac{3}{b}$ はいかなる範囲にあるか.

(5) $|a-1| < \dfrac{1}{100}$ のとき, $\dfrac{1}{a}$ はいかなる範囲にあるか.

(6) $|a-1| < \dfrac{1}{10}$, $|b-2| < \dfrac{1}{100}$ のとき, $\dfrac{1}{a} + \dfrac{1}{b}$ はいかなる範囲にあるか.

問題 1.3.3. 次の式をみたす実数 x の値を求めよ.

(1) $|x-1| + \dfrac{1}{2}|4-2x| = 3$

(2) $|x^2 - 1| = \dfrac{1}{2}$

問題 1.3.4. 実数 x に対して, $n \leq x < n+1$ をみたす整数 n が唯一ある. この整数 n を $n = [x]$ で表す ([ ] を **Gauss bracket** という).

$$[5] = 5, \quad \left[5 + \dfrac{1}{10}\right] = 5, \quad \left[5 - \dfrac{1}{100}\right] = 4 \ \text{である}.$$

(1) $[7]$, $[6.99]$, $[7.001]$, $\left[7 - \dfrac{1}{10000}\right]$, $\left[8 + \dfrac{1}{10000}\right]$, $\left[8 - \dfrac{1}{10000}\right]$ を求めよ.

(2) (i) 不等式
$$[a] + [b] \leq [a+b] \leq [a] + [b] + 1$$
が成立することを証明せよ.

(ii) 上の不等式においてそれぞれの等号が成り立つ場合があることを示せ.

§1.4 集合

ある条件をみたすものの集まりを**集合**という. 集合を定義するときに, しばしば次のような記法が用いられる.

$$A = \{a \mid a \text{ は 2004 年 9 月 9 日午後 6 時現在名古屋市の住民である}\}$$

この意味は, 「a は 2004 年 9 月 9 日午後 6 時現在名古屋市の住民である」という条件をみたす a の全体を集合 A とするという意味である. この記法に従えば, たとえば, 前に述べた閉区間の記号は,

$$[a, b] = \{x \mid x \text{ は実数で}, a \leq x \leq b \text{ をみたす}\}$$

と書き表される.

A が集合で, a がその構成要素の 1 つであるとき,

$$a \in A \quad \text{または} \quad A \ni a$$

と書き表す．このとき a は A の元である，または a は A の要素であるという．$a \in A$ でないとき，$a \notin A$（または $A \not\ni a$）と書く．

元が 1 つもない集合は空集合とよばれ，記号 ϕ で表される．

A と B は集合で，集合 A の元はすべて集合 B の元であるとき，A は B の部分集合であるといい，

$$A \subseteq B \quad \text{または} \quad B \supseteq A$$

と書き表す．

$A \subseteq B$ かつ $B \subseteq A$ であるとき，集合 A と集合 B は等しいといい，$A = B$ と書き表す．

$A \subseteq B$ で $A = B$ ではないとき，$A \subset B$ と書き表す．

一般にある集合 A を考えるときは，何かもとになる集合 X があって，X の元である条件をみたすものの集合が A であるという場合が多い．たとえば名古屋市の住民全体の集合 A では，犬とかフランス革命とかボールペンが対象となることはないのであって，地球上の（あるいは日本の）人間の全体が集合 X に相当するであろう．

このもとになる集合 X を全体集合という．

集合 A が全体集合 X の部分集合であるとき，X の元であるが A の元でないものの全体を A^c で表し，これを A の補集合という．すなわち，

$$A^c = \{a \mid a \in X \text{ であるが } a \in A \text{ でない}\}$$

である．

A, B が集合であるとき，A の元でありかつ B の元でもあるものの全体を A と B の共通部分または積集合といい，$A \cap B$ で表す．また，A, B の少なくとも一方の元であるものの全体を A と B の合併集合または和集合といい，$A \cup B$ で表す．

これらと補集合とのあいだには，次の **de Morgan** の法則が成り立つ．

$$(A \cap B)^c = A^c \cup B^c$$
$$(A \cup B)^c = A^c \cap B^c$$

2つ以上の集合 $A_1, A_2, \cdots, A_n$ についても，これらの共通部分，合併集合

$$A_1 \cap A_2 \cap \cdots \cap A_n, \ A_1 \cup A_2 \cup \cdots \cup A_n$$

が同様に定義される．

無限個の集合 $A_1, A_2, \cdots, A_n, \cdots$ に対しても，$\bigcap_{n=1}^{\infty} A_n, \ \bigcup_{n=1}^{\infty} A_n$ が定義される．

$a \in \bigcap_{n=1}^{\infty} A_n$ は，任意の自然数 n について $a \in A_n$ となることを意味する．また，$a \in \bigcup_{n=1}^{\infty} A_n$ は，少なくとも1つの自然数 n について $a \in A_n$ となることを意味する．

これらの場合，de Morgan の法則は次のようになる．

定理 1.4.1.　（de Morgan の法則）

$$(A_1 \cap A_2 \cap \cdots \cap A_n)^c = A_1^c \cup A_2^c \cup \cdots \cup A_n^c$$

$$(A_1 \cup A_2 \cup \cdots \cup A_n)^c = A_1^c \cap A_2^c \cap \cdots \cap A_n^c$$

$$\left(\bigcap_{n=1}^{\infty} A_n\right)^c = \bigcup_{n=1}^{\infty} A_n^c$$

$$\left(\bigcup_{n=1}^{\infty} A_n\right)^c = \bigcap_{n=1}^{\infty} A_n^c$$

▲▽▲▽▲▽▲▽▲▽　章末問題 1　▲▽▲▽▲▽▲▽▲▽

1. 命題 A が真ならば必ず命題 B は真であるとき，命題 A は命題 B の十分条件であるという．またこのとき，命題 B は命題 A の必要条件であるという．命題 A が命題 B の十分条件であり，かつ必要条件でもあるとき，命題 A は命題 B の必要十分条件である，あるいは命題 A と命題 B は同値であるという．

　「図形 G は長方形である」を命題 A，「図形 G は平行四辺形である」を命題 B とすれば，命題 A は命題 B の十分条件であり，命題 B は命題 A の必要条件である．次の各場合において，命題 A は命題 B の十分条件か，必要条件か，必要十分条件か，あるいはどちらでもないか答えよ．

(1) 命題 A 「x は実数で $x > 10$ である」
　　命題 B 「x は実数で $x > 100$ である」
(2) 命題 A 「x は -1000 より小さい実数である」
　　命題 B 「x は整数である」
(3) 命題 A 「x は $|x| < \dfrac{1}{1000}$ をみたす実数である」
　　命題 B 「x は $-1 < x < 10$ の範囲にある実数である」
(4) 命題 A 「x は $x^2 = 1$ をみたす実数である」
　　命題 B 「$x = 1$ である」
(5) 命題 A 「t は $t > 1$ をみたす実数である」
　　命題 B 「t は $0 < \dfrac{1}{t} < 1$ をみたす実数である」
(6) 命題 A 「t は $t > 10$ をみたす実数である」
　　命題 B 「t は $0 < \dfrac{1}{t} < 10$ をみたす実数である」
(7) 命題 A 「t は $t > 100$ をみたす実数である」
　　命題 B 「t は $0 \leqq \dfrac{1}{t} \leqq \dfrac{1}{100}$ をみたす実数である」
(8) 命題 A 「a, b は $a > 10,\ b > 100$ をみたす実数である」
　　命題 B 「a, b は $0 < \dfrac{1}{a} + \dfrac{1}{b} \leqq \dfrac{11}{100}$ をみたす実数である」
(9) 命題 A 「x, y は $x + y = 7$ をみたす実数である」
　　命題 B 「$x = 2,\ y = 5$ である」
(10) 命題 A 「x, y は $xy = 5$ をみたす自然数である」
　　 命題 B 「x, y は $x + y = 6$ をみたす自然数である」

2. $|a| = -1$ をみたす実数 a を次のように求めた．どこが間違っているか考えよ．

　　与えられた式の両辺を 2 乗すると，
$$|a|^2 = 1$$
である．$|a|^2 = a^2$ だから，$a^2 = 1$ となる．よってこのような実数 a は $a = -1$ と $a = 1$ である．

3. $a_1, a_2, \cdots, a_n$ を実数とするとき，次の命題はそれぞれ真か偽か考えよ．
(1) もし $a_1 a_2 \cdots a_n = 0$ ならば，$a_1, a_2, \cdots, a_n$ のうち少なくとも 1 つは 0 である．
(2) もし $a_1 a_2 \cdots a_n = 1$ ならば，$a_1, a_2, \cdots, a_n$ のどれも 0 ではない．
(3) もし $a_1{}^2 + a_2{}^2 + \cdots + a_n{}^2 = 0$ ならば，$a_1, a_2, \cdots, a_n$ はすべて 0 である．
(4) もし $a_1 > 0,\ a_2 > 0,\ \cdots\ a_n > 0$ ならば，
$$\dfrac{1}{a_1} + \dfrac{1}{a_2} + \cdots + \dfrac{1}{a_n} > 0$$
である．
(5) もし $\dfrac{1}{a_1} + \dfrac{1}{a_2} + \cdots + \dfrac{1}{a_n} > 0$ ならば，
$$a_1 > 0,\ a_2 > 0,\ \cdots\ a_n > 0$$

である．

4. (1) 開区間の列 $I_1, I_2, \cdots, I_n, \cdots$ を $I_n = \left(0, \dfrac{1}{n}\right)$ によって定義する．この区間列は任意の自然数 n について $I_n \supseteq I_{n+1}$ をみたし，n が無限に大きくなるとき区間 I_n の幅は 0 に収束し，$\displaystyle\bigcap_{n=1}^{\infty} I_n = \phi$ であることを示せ．

(2) 開区間の列 $J_1, J_2, \cdots, J_n, \cdots$ を $J_n = \left(-\dfrac{1}{n}, \dfrac{1}{n}\right)$ によって定義する．この区間列は任意の自然数 n について $J_n \supseteq J_{n+1}$ をみたし，n が無限に大きくなるとき区間 J_n の幅は 0 に収束し，$\displaystyle\bigcap_{n=1}^{\infty} J_n$ は 0 のみよりなる集合であることを示せ．

5. (1) $a_1, a_2, \cdots, a_n$ を実数とするとき，不等式
$$\frac{1}{n}(a_1 + a_2 + \cdots + a_n) \geqq \sqrt[n]{a_1 a_2 \cdots a_n}$$
が成立することを証明せよ．

(2) 上の不等式において，等号が成り立つのは $a_1 = a_2 = \cdots = a_n$ の場合に限ることを示せ．

6. (1) n を自然数とすると，
$$(a+b)^n = \sum_{i=0}^{n} {}_nC_i a^i b^{n-i}$$
が成り立つことを証明せよ（二項定理）．ただし，
$${}_nC_i = \frac{n!}{i!(n-i)!}, \quad n! = 1 \cdot 2 \cdot \cdots \cdot n \quad (1 \text{ から } n \text{ までの自然数の積})$$
である．

(2) 上の公式を用いて $(a+b)^2, (a+b)^3, (a+b)^5$ を展開せよ．

2 ●数列と極限

§2.1 数列

無限につづく数の列
$$a_1, a_2, \cdots, a_n, \cdots$$
を数列といい，これを $\{a_n\}_{n=1}^{\infty}$ と書き表す．各 a_n をこの数列の項という．a_n を第 n 項という．

通常は数列は a_1 から始まり a_1 を初項とよぶが，場合によっては，a_0 から始めて a_0 を初項とする場合もある．

例1 $a_n = 2n$ で与えられる数列 $\{a_n\}_{n=1}^{\infty}$
第4項まで書き並べると，
$$a_1 = 2, a_2 = 4, a_3 = 6, a_4 = 8, \cdots.$$

例2 $a_n = \dfrac{1}{n}$ で与えられる数列 $\{a_n\}_{n=1}^{\infty}$
第4項まで書き並べると，
$$a_1 = 1, a_2 = \frac{1}{2}, a_3 = \frac{1}{3}, a_4 = \frac{1}{4}, \cdots.$$

問題 2.1.1. 次の数列はいかなる規則に従って並んでいるかを推定して，a_n を n の式で書き表せ．
(1) $a_1 = \dfrac{1}{6}, a_2 = \dfrac{1}{8}, a_3 = \dfrac{1}{10}, a_4 = \dfrac{1}{12}, a_5 = \dfrac{1}{14}, a_6 = \dfrac{1}{16}, \cdots$

(2) $a_1 = 1, a_2 = \dfrac{1}{2}, a_3 = \dfrac{1}{4}, a_4 = \dfrac{1}{8}, a_5 = \dfrac{1}{16}, a_6 = \dfrac{1}{32}, \cdots$

(3) $a_1 = 2, a_2 = -\dfrac{2}{3}, a_3 = \dfrac{2}{9}, a_4 = -\dfrac{2}{27}, a_5 = \dfrac{2}{81}, a_6 = -\dfrac{2}{243}, \cdots$

(4) $a_1 = 0, a_2 = \dfrac{3}{2}, a_3 = -\dfrac{2}{3}, a_4 = \dfrac{5}{4}, a_5 = -\dfrac{4}{5}, a_6 = \dfrac{7}{6}, a_7 = -\dfrac{6}{7},$
$a_8 = \dfrac{9}{8}, \cdots$

先に挙げた例において，例2の数列では，nが限りなく大きくなるときa_nは0に近づいてゆくことがわかる．例1の数列については，nが限りなく大きくなるときa_nが特定の値に近づいてゆくということはない．

例2のような数列は収束するといい，例1のような数列は発散するという．正確な定義は次のようになる．

数列 $\{a_n\}_{n=1}^{\infty}$ が実数 a に収束するとは，任意の正の数 ε に対して自然数 N が存在して，
$$n > N \text{ ならば } |a_n - a| < \varepsilon$$
となることである．

このことは，ε がいかに小さい数であっても，ある程度（N）より大きな n については a_n と a との差が ε より小さくなるようにできることを示している（図2.1）．

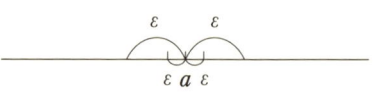

図 2.1

数列 $\{a_n\}_{n=1}^{\infty}$ が実数 a に収束することを，
$$\lim_{n \to \infty} a_n = a \quad \text{または} \quad a_n \to a \ (n \to \infty)$$
と表す．

数列 $\{a_n\}_{n=1}^{\infty}$ がある実数 a に収束するとき，数列 $\{a_n\}_{n=1}^{\infty}$ は収束するという．

数列 $\{a_n\}_{n=1}^{\infty}$ が収束しないとき，発散するという．

例2の数列 $a_n = \dfrac{1}{n}$ が実際に0に収束することは次のように示される．

ε を任意の正の数とする．$N > \dfrac{1}{\varepsilon}$ をみたす自然数 N が存在する．すると，$n > N$ である自然数 n については，
$$|a_n - 0| = \frac{1}{n} < \frac{1}{N} < \varepsilon$$
となる．

初学者にとって理解しがたいのは，上で $N > \dfrac{1}{\varepsilon}$ という不等式が天下り的に見えることであろう．これは次のように「心理的な観点」から考えてみるとわかる．
示されるべきことは，収束の定義に沿って，
「任意の正の数 ε に対して，$n > N$ ならばつねに $|a_n - 0| < \varepsilon$ となるような自然数 N が存在する」
である．$|a_n - 0| = \dfrac{1}{n}$ であるから，逆数をとればこれは $n > \dfrac{1}{\varepsilon}$ となる．だから，n がどれだけ大きければこの不等式が成立するかと考えてみると，だいたい $\dfrac{1}{\varepsilon}$ より大きければよいのではないかと，見当がつく．実際，N を $\dfrac{1}{\varepsilon}$ より大きいものとすれば，$n > N$ である n については，
$$|a_n - 0| = \frac{1}{n} < \frac{1}{N} < \varepsilon$$
となることが確認できる．

このような「心理的な観点」は舞台裏であって，表には出ない．「心理的な観点」と「論理」の関係は，読者にとって自明なことではないかもしれないので，もう少し詳しく述べる．

負でない実数 a, b について，相加平均 $\dfrac{a+b}{2}$ と相乗平均 $\sqrt{ab}$ とのあいだに不等式
$$\frac{a+b}{2} \geqq \sqrt{ab}$$
が成り立つことはよく知られている．これを証明せよという課題を学生に課すと，次のような答案が多い．

「
$$\begin{aligned}
\frac{a+b}{2} &\geqq \sqrt{ab} \\
a+b &\geqq 2\sqrt{ab} \\
(a+b)^2 &\geqq 4ab \\
(a+b)^2 - 4ab &\geqq 0 \\
a^2 + b^2 - 2ab &\geqq 0 \\
(a-b)^2 &\geqq 0
\end{aligned}$$
よって成り立つ．」

説明文がないので，式と式の因果関係がわからないが，まあそれは大目に見るとして，この答案は不等式 $\frac{a+b}{2} \geqq \sqrt{ab}$ が $(a-b)^2 \geqq 0$ に帰着されるということを主張しているのであろう．「心理的な観点」としてはわかるが，論理的に見るとこの答案は落第である．理由は，証明されるべき不等式が冒頭に書いてあるからである．

証明というものは演繹的であらねばならない．すなわち，誰もが明らかに成立すると認める式，あるいは与えられた前提条件から出発して，「これが成り立つ．よってこれが成り立つ」というように論理的な筋道に沿って問題の主張を導き出すから万人が納得できる証明なのであって，真偽のほどがわからない文や式を無秩序に並べたものは証明ではない．

上の答案は書きかたが逆なのであって，正しくは，次のように書くべきなのである．

「$(a-b)^2 \geqq 0$ は明らかに成り立つ．」（読んで「なるほど」と思う）

「これを変形すると $a^2 + b^2 - 2ab \geqq 0$ となる．」（なるほど）

「さらに変形すると $(a+b)^2 - 4ab \geqq 0$ となる．」（ふんふん）

これを移項すれば $(a+b)^2 \geqq 4ab$ となる．

両辺とも負でない実数であるから，平方根をとると

$a + b \geqq 2\sqrt{ab}$

である．両辺を 2 で割れば

$\frac{a+b}{2} \geqq \sqrt{ab}$

となる．

証明終わり．

問題 2.1.2. a_n が次の式で与えられる数列を第 1 項から第 10 項まで書き並べよ．
(1) $a_n = \frac{1+n}{n^2}$ (2) $a_n = \frac{1}{n} + (-1)^n$ (3) $a_n = \sin \frac{n\pi}{4}$

問題 2.1.3.
(1) 数列 $\{a_n\}_{n=1}^{\infty}$ は $a_n = \frac{(-1)^n}{n}$ で与えられるものとする．$a_n \to 0$ $(n \to \infty)$ であることを示せ．

(2) 数列 $\{a_n\}_{n=1}^{\infty}$ は $a_n = 1 + \frac{1}{\sqrt{n+1}}$ で与えられるものとする．$a_n \to 1$ $(n \to \infty)$ であることを示せ．

$a_n \to a$, $b_n \to b$ $(n \to \infty)$ であるとすると，次のことが成り立つ．

(1) $a_n + b_n \to a + b$ $(n \to \infty)$
(2) $ka_n \to ka$ $(n \to \infty)$ （k は定数）
(3) $a_n b_n \to ab$ $(n \to \infty)$
(4) $b_n \neq 0$, $b \neq 0$ ならば，$\dfrac{a_n}{b_n} \to \dfrac{a}{b}$ $(n \to \infty)$．
(5) 任意の n について $a_n \geqq b_n$ ならば，$a \geqq b$．

数列 $\{a_n\}_{n=1}^{\infty}$ に対して，ある定数（n に無関係な）M が存在してつねに（どの n についても）
$$M \leqq a_n$$
となるとき，数列 $\{a_n\}_{n=1}^{\infty}$ は下に有界であるという．

また，ある定数 M' が存在してつねに（どの n についても）$a_n \leqq M'$ となるとき，数列 $\{a_n\}_{n=1}^{\infty}$ は上に有界であるという．

下に有界かつ上に有界である数列は，有界であるという．

定理 2.1.1. 数列 $\{a_n\}_{n=1}^{\infty}$ がある実数に収束するならば，$\{a_n\}_{n=1}^{\infty}$ は有界である．

証明 $\lim_{n\to\infty} a_n = a$ とする．適当な正の数 ε をとる．この ε に対して，$n > N$ ならばつねに $|a_n - a| < \varepsilon$ となるような自然数 N が存在する．

すると，$n \geqq N+1$ であるような自然数 n については，a_n は $a - \varepsilon < a_n < a + \varepsilon$ の範囲内にある．したがって，$a_1, a_2, \cdots, a_N, a - \varepsilon$ のうち最小の数を M，$a_1, a_2, \cdots, a_N, a + \varepsilon$ のうち最大の数を M' とすれば，任意の自然数 n について a_n は $M \leqq a_n \leqq M'$ の範囲にある．

定理 2.1.1 により，収束する数列は有界であるが，逆に有界な数列は収束するかというとそうとは限らない．たとえば，$a_n = (-1)^n$ で与えられる数列は有界であるが，発散する．

数列 $\{a_n\}_{n=1}^{\infty}$ があるとする．増大する自然数の無限列 $n_1 < n_2 < \cdots < n_i < \cdots$ に対して，もとの数列 $\{a_n\}_{n=1}^{\infty}$ の第 n_i 項を i 項とする数列
$$\{a_{n_i}\}_{i=1}^{\infty} = \{a_{n_1}, a_{n_2}, \cdots, a_{n_i}, \cdots\}$$

を数列 $\{a_n\}_{n=1}^{\infty}$ の部分列という．

例　$a_n = \dfrac{1}{n}$ において，$n_i = 2i$ とする．

$$a_{n_1} = \frac{1}{2},\ a_{n_2} = \frac{1}{4},\ a_{n_3} = \frac{1}{6},\ \cdots$$

は $\{a_n\}_{n=1}^{\infty}$ のひとつの部分列である．

定理 2.1.2.　数列 $\{a_n\}_{n=1}^{\infty}$ が a に収束するならば，$\{a_n\}_{n=1}^{\infty}$ の部分列は a に収束する．

証明　$\{a_{n_i}\}_{i=1}^{\infty}$ を $\{a_n\}_{n=1}^{\infty}$ の部分列とする．任意の自然数 i について $n_i \geqq i$ であることは容易にわかる．

ε を任意の正の数とする．$n > N$ であるすべての自然数 n について $|a_n - a| < \varepsilon$ となるような自然数 N が存在する．このとき，$i > N$ である任意の自然数 i について，$n_i \geqq i$ だから $|a_{n_i} - a| < \varepsilon$ となる．

定理 2.1.3.（**Weierstrass の集積点定理**）数列 $\{a_n\}_{n=1}^{\infty}$ が有界ならば，この数列の部分列で収束するものが存在する．

証明　定数 M, M' が存在して，任意の n について $M' \leqq a_n \leqq M$ となる．閉区間の列 $I_1, I_2, \cdots, I_n, \cdots$ と $\{a_n\}_{i=1}^{\infty}$ の部分列 $\{a_{n_i}\}_{i=1}^{\infty}$ を次のように定義する．

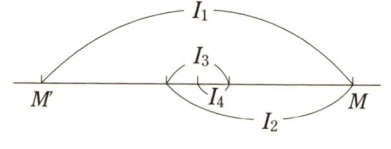

図 2.2

まず，$b_1 = M', c_1 = M$ とし，$I_1 = [b_1, c_1]$ とする．$\{a_n\}_{i=1}^{\infty}$ のなかから I_1 に属する a_n を 1 つとり，それを a_{n_1} とする．$d_1 = \dfrac{b_1 + c_1}{2}$ とする．

閉区間 $[b_1, d_1], [d_1, c_1]$ のうち少なくとも一方には無限個の a_n が含まれる．その閉区間を $I_2 = [b_2, c_2]$ とする．$\{a_n\}_{i=1}^{\infty}$ のなかから I_2 に属する a_n を 1 つとり，それを a_{n_2} とする（$n_2 > n_1$ とする）．$d_2 = \dfrac{b_2 + c_2}{2}$ とする．

閉区間 $[b_2, d_2], [d_2, c_2]$ のうち少なくとも一方には無限個の a_n が含まれる．その閉区間を $I_3 = [b_3, c_3]$ とする．$\{a_n\}_{i=1}^{\infty}$ のなかから I_3 に属する a_n を 1 つ

とり，それを a_{n_3} とする（$n_3 > n_2$ とする）．

以下同様に，無限個の a_n を含む閉区間 $I_j = [b_j, c_j]$ と，$a_{n_j} \in I_j$（$n_1 < n_2 < \cdots < n_j$）が得られたら，$d_j = \dfrac{b_j + c_j}{2}$ とする．閉区間 $[b_j, d_j]$, $[d_j, c_j]$ のうち少なくとも一方には無限個の a_n が含まれる．その閉区間を $I_{j+1} = [b_{j+1}, c_{j+1}]$ とする．

$\{a_n\}_{i=1}^{\infty}$ のなかから I_{j+1} に属する a_n を1つとり，それを $a_{n_{j+1}}$ とする（$n_{j+1} > n_j$ とする）．各閉区間 I_j の幅は $\dfrac{M - M'}{2^{j-1}}$ となっている．

§1.3 の Cantor の公理により，すべての I_n に入る数 a が唯一存在する．

$a_{n_i} \to a$ $(i \to \infty)$ であることを示す．ε を任意の正の数とする．自然数 N を十分大きくとれば $2^N > \dfrac{2(M - M')}{\varepsilon}$ となるようにできる．
$i > N$ であるような i については，$a_{n_i} \in I_i$, $a \in I_i$ であるから，
$$|a_{n_i} - a| \leqq (I_i の長さ) < (I_N の長さ) = \dfrac{M - M'}{2^{N-1}} < \varepsilon$$
となる．

以上で部分列 $\{a_{n_i}\}_{i=1}^{\infty}$ は a に収束することがわかった．

問題 2.1.4. 数列 $\{a_n\}_{n=1}^{\infty}$ を $a_n = \dfrac{(-1)^n n}{n+1}$ で定める．
(1) 数列 $\{a_n\}_{n=1}^{\infty}$ は有界であるが収束しないことを示せ．
(2) $\{a_n\}_{n=1}^{\infty}$ の部分列で収束するものを見出せ．

問題 2.1.5. $\lim\limits_{n \to \infty} a_n = a$ で，任意の n について $a_n > r$ となる定数 r が存在すれば，$a \geqq r$ である．しかし，$a > r$ とは限らない．そのような例（$a = r$ となる例）を挙げよ．

一般に数列 $\{a_n\}_{n=1}^{\infty}$ が収束するための必要十分条件は，Cauchy による次の定理で与えられる．

定理 2.1.4. 数列 $\{a_n\}_{n=1}^{\infty}$ が収束するための必要十分条件は，任意の正の数 ε に対してある自然数 N が存在して，
$$p, q > N \text{ ならば } |a_p - a_q| < \varepsilon$$
が成り立つことである．

証明 数列 $\{a_n\}_{n=1}^{\infty}$ が a に収束すると仮定する．任意の正の数 ε に対して，ある自然数 N が存在して $n > N$ であるすべての自然数 n について $|a_n - a| < \dfrac{\varepsilon}{2}$ である．このとき，$p, q > N$ である自然数 p, q について，

$$|a_p - a_q| \leqq |a_p - a| + |a_q - a| < \frac{\varepsilon}{2} + \frac{\varepsilon}{2} = \varepsilon$$

となる．

逆に，任意の正の数 ε に対して，$p, q > N$ ならば $|a_p - a_q| < \varepsilon$ となる自然数 N が存在すると仮定する．

まず，数列 $\{a_n\}_{n=1}^{\infty}$ は有界であることを示す．正の数 ε を１つ固定する．$p, q > N$ ならば $|a_p - a_q| < \varepsilon$ となる自然数 N が存在する．$q = N+1$ とすれば，$p > N$ である任意の自然数 p について $|a_p - a_{N+1}| < \varepsilon$ となるから，N より大きい自然数 p については a_p は

$$a_{N+1} - \varepsilon < a_p < a_{N+1} + \varepsilon$$

の範囲内にある．したがって，

$$\min\{a_1, a_2, \cdots, a_N, a_{N+1} - \varepsilon\} = m,$$
$$\max\{a_1, a_2, \cdots, a_N, a_{N+1} + \varepsilon\} = M$$

とおけば，任意の n について，a_n は $m \leqq a_n \leqq M$ の範囲にある．よって，数列 $\{a_n\}_{n=1}^{\infty}$ は有界である．

定理 2.1.3 により，$\{a_n\}_{n=1}^{\infty}$ の収束する部分列 $\{a_{n_i}\}_{i=1}^{\infty}$ が存在する．$\lim\limits_{i \to \infty} a_{n_i} = a$ とする．このとき $a_n \to a \ (n \to \infty)$ であることを示す．

ε を任意の正の数とする．$a_{n_i} \to a \ (i \to \infty)$ であるから，ある自然数 N_1 が存在して，$i > N_1$ であるすべての自然数 i について $|a_{n_i} - a| < \dfrac{\varepsilon}{2}$ となる．また，仮定により，ある自然数 N_2 が存在して，$p, q > N_2$ であるすべての自然数 p, q について $|a_p - a_q| < \dfrac{\varepsilon}{2}$ となる．

$N = \max\{N_1, N_2\}$ とし，m を N より大きい自然数とする．N より大きい自然数 i をとれば，$|a_{n_i} - a| < \dfrac{\varepsilon}{2}$ である．また，$n_i \geqq i > N$ であるから，$|a_{n_i} - a_m| < \dfrac{\varepsilon}{2}$ である．よって

$$|a_m - a| \leqq |a_m - a_{n_i}| + |a_{n_i} - a| < \frac{\varepsilon}{2} + \frac{\varepsilon}{2} = \varepsilon$$

となる．よって，$a_n \to a\ (n \to \infty)$ である．

§2.2 単調数列

数列 $\{a_n\}_{n=1}^{\infty}$ が単調増加であるとは，任意の n について $a_n \leqq a_{n+1}$ であることをいう．

数列 $\{a_n\}_{n=1}^{\infty}$ が単調減少であるとは，任意の n について $a_n \geqq a_{n+1}$ であることをいう．

数列 $\{a_n\}_{n=1}^{\infty}$ が単調であるとは，単調増加または単調減少であることをいう．

例　$a_n = \dfrac{1}{n}$ で与えられる数列は単調減少である．

$a_n = n$ で与えられる数列は単調増加である．

定理 2.2.1.
(1) 数列 $\{a_n\}_{n=1}^{\infty}$ が単調増加で，上に有界ならば収束する．
(2) 数列 $\{a_n\}_{n=1}^{\infty}$ が単調減少で，下に有界ならば収束する．

証明　同じことなので，(1) を証明する．数列 $\{a_n\}_{n=1}^{\infty}$ が単調増加で，上に有界であるとする．

定理 2.1.3 とその証明により，$\{a_n\}_{n=1}^{\infty}$ の部分列 $\{a_{n_i}\}_{i=1}^{\infty}$ と，閉区間の列 $I_1, I_2, \cdots, I_n, \cdots$ で次をみたすものが存在する．

(i) $a_{n_i} \to a\ (i \to \infty)$
(ii) 各 i について $a_{n_i} \in I_i$
(iii) $a \in \bigcap_{i=1}^{\infty} I_i$
(iv) 各 I_i は無限個の a_n を含む．
(v) $i \to \infty$ のとき，I_i の幅は 0 に収束する．

このとき，$a_n \to a\ (n \to \infty)$ であることを示す．

ε を任意の正の数とする．(v) により，自然数 i を十分大きくとれば区間 I_i の幅が ε より小さくなるようにできる．このような自然数 i を 1 つとり，$n_i = N$ とおく．

m は $m > N$ をみたす任意の自然数とし,仮に a_m が I_i に属さないとする. (ii) により $a_{n_i} \in I_i$ で, $a_m \geqq a_{n_i}$ であるから, a_m は区間 I_i より右にあることになる.すると数列 a_n の第 m 項以下は

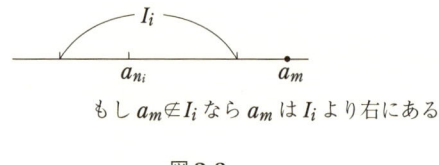

もし $a_m \notin I_i$ なら a_m は I_i より右にある

図 2.3

すべて区間 I_i より右にあることになり, (iv) に反する.したがって, $a_m \in I_i$ である. (iii) により $a \in I_i$ であるから, $|a_m - a| \leqq (I_i \text{の幅}) < \varepsilon$. よって $a_n \to a \ (n \to \infty)$ である.

数列 $\{a_n\}_{n=1}^{\infty}$ は第 n 項が n の式で与えられれば決まるが, a_1 を与え, a_n を a_1 から a_{n-1} までの式として与えることによっても定義される. a_n を a_1 から a_{n-1} までの式として与えた式

$$a_n = f(a_1, a_2, \cdots, a_{n-1})$$

を数列 $\{a_n\}_{n=1}^{\infty}$ の漸化式という.

例1 $a_1 = a, \ a_{n+1} = a_n + d \ (n \geqq 1, d \text{ は定数})$

この漸化式で定められる数列は初項 a, 公差 d の等差数列とよばれる. a_n を n の式で表せば, $a_n = a + d(n-1)$ となる.

例2 $a_1 = a, \ a_{n+1} = ra_n \ (n \geqq 1, \ r \text{ は定数})$

この漸化式で定められる数列は初項 a, 公比 r の等比数列とよばれる. a_n を n の式で表せば, $a_n = ar^{n-1}$ となる.

問題 2.2.1.
(1) 初項が a, 公比 r で与えられる等比数列の初項から第 n 項までの和 S_n を n の式で表せ.
(2) (1) で $|r| < 1$ のとき, $\lim_{n \to \infty} S_n$ を求めよ.
(3) $\sum_{n=0}^{\infty} 5 \cdot \left(-\dfrac{1}{2}\right)^n$ を求めよ.

問題 2.2.2. $a_1 = 1$, $a_2 = 1$, $a_{n+1} = a_{n-1} + a_n$ $(n \geq 2)$ で定義される数列 $\{a_n\}_{n=1}^\infty$ の第 1 項から第 10 項までを書き出せ．

問題 2.2.3. 数列 $\{a_n\}_{n=1}^\infty$ は $a_1 = \sqrt{2}$, $a_{n+1} = \sqrt{2 + a_n}$ $(n \geq 1)$ で定義されるものとする．
(1) 数列 $\{a_n\}_{n=1}^\infty$ は上に有界であることを示せ．
(2) 数列 $\{a_n\}_{n=1}^\infty$ は単調増加であることを示せ．
(3) $\lim_{n \to \infty} a_n$ を求めよ．

$a_n = \left(1 + \dfrac{1}{n}\right)^n$ で与えられる数列の極限は重要な意味をもつ．以下でこの数列が実際収束することを示そう．

まず，この数列 $\{a_n\}_{n=1}^\infty$ が単調増加であることを示す．二項定理（第 1 章章末問題 6）により，

$$a_n = \sum_{i=0}^n {}_nC_i \left(\frac{1}{n}\right)^i$$

$$= 1 + n \cdot \frac{1}{n} + \frac{n(n-1)}{2} \cdot \left(\frac{1}{n}\right)^2 + \frac{n(n-1)(n-2)}{3!} \cdot \left(\frac{1}{n}\right)^3 + \cdots$$

$$+ \frac{n(n-1)(n-2)\cdots 2 \cdot 1}{n!} \cdot \left(\frac{1}{n}\right)^n$$

$$= 1 + 1 + \frac{1}{2!}\left(1 - \frac{1}{n}\right) + \frac{1}{3!}\left(1 - \frac{1}{n}\right)\left(1 - \frac{2}{n}\right) + \cdots$$

$$+ \frac{1}{n!}\left(1 - \frac{1}{n}\right)\left(1 - \frac{2}{n}\right) \cdots \left(1 - \frac{n-1}{n}\right)$$

同様に，

$$a_{n+1} = 1 + 1 + \frac{1}{2!}\left(1 - \frac{1}{n+1}\right) + \frac{1}{3!}\left(1 - \frac{1}{n+1}\right)\left(1 - \frac{2}{n+1}\right) + \cdots$$

$$+ \frac{1}{n!}\left(1 - \frac{1}{n+1}\right)\left(1 - \frac{2}{n+1}\right) \cdots \left(1 - \frac{n-1}{n+1}\right)$$

$$+ \frac{1}{(n+1)!}\left(1 - \frac{1}{n+1}\right)\left(1 - \frac{2}{n+1}\right) \cdots \left(1 - \frac{n}{n+1}\right)$$

a_n の各項より a_{n+1} の対応する項の方が大きい

$\left(\dfrac{1}{2!}\left(1-\dfrac{1}{n}\right)<\dfrac{1}{2!}\left(1-\dfrac{1}{n+1}\right)$ など). さらに a_{n+1} は正の項

$$\dfrac{1}{(n+1)!}\left(1-\dfrac{1}{n+1}\right)\left(1-\dfrac{2}{n+1}\right)\cdots\left(1-\dfrac{n}{n+1}\right)$$

を余分にもっているので, $a_n < a_{n+1}$ である.

次にこの数列は上に有界であることを示す.

a_n の式において,

$$\dfrac{1}{2!}\left(1-\dfrac{1}{n}\right) < \dfrac{1}{2!} \leqq \dfrac{1}{2},$$

$$\dfrac{1}{3!}\left(1-\dfrac{1}{n}\right)\left(1-\dfrac{2}{n}\right) < \dfrac{1}{3!} \leqq \left(\dfrac{1}{2}\right)^2, \cdots$$

であるから,

$$a_n < 1+1+\dfrac{1}{2}+\left(\dfrac{1}{2}\right)^2+\cdots+\left(\dfrac{1}{2}\right)^{n-1} = 1+\dfrac{1-\left(\dfrac{1}{2}\right)^n}{1-\dfrac{1}{2}}$$

$$= 3-\left(\dfrac{1}{2}\right)^{n-1} < 3$$

以上によりこの数列 $\{a_n\}_{n=1}^{\infty}$ は上に有界かつ単調増加であるから定理 2.2.1 (1) により収束する. この極限 $\lim\limits_{n\to\infty} a_n$ を記号 e で表し, これを自然対数の底という.

ここでは定数 e は 2 と 3 の間にある定数であるということしかわからないが, e の値については §3.2 で再検討する.

§2.3 関数の極限

$y = x^2$ のように, x の値によって y の値が決まるとき, y は x の関数であるといい, $y = f(x)$ と表す.

$y = -2x, y = \sqrt{x}, y = \sin x, y = 2^x$ などはいずれも関数である.

x の値に無関係にいつも y の値が C (一定) である場合は $y \equiv C$ と表す (定数値関数).

関数 $y = \sqrt{x}$ の場合, 通常は $x \geqq 0$ という条件が付いていると考えられる. このように関数 $y = f(x)$ において独立変数 x のとりうる値の範囲を関数 $f(x)$ の定義域という. 独立変数 x の範囲に制限がない場合は, 関数 $f(x)$ の定義域

は $\boldsymbol{R}$ (実数全体) である.関数 $y = f(x)$ において,x が定義域を動くとき,y がとりうる値の全体を関数 $y = f(x)$ の値域という.

関数の定義域は絶対的なものではなく,人為的に操作することもできる.たとえば
$$y = \begin{cases} \sqrt{x} & (x \geqq 0) \\ 0 & (x < 0) \end{cases}$$
とすれば関数 $y = \sqrt{x}$ の定義域を $\boldsymbol{R}$ に拡張することができる.しかしこのようなことはとくに目的がない限り利点はない.

関数 $y = f(x)$ の値域が D,定義域が A であれば,f は集合 D から集合 A への写像とみることができる (D の元 x に対して A の元 $y = f(x)$ を対応させる).

関数 $y = f(x)$ の定義域が D であり,a は D 内にある定数とする.x が a に限りなく近づくとき $f(x)$ の値が c に限りなく近づくならば,x が a に近づく (収束する) ときの $f(x)$ の極限値は c であるといい,
$$\lim_{x \to a} f(x) = c \text{ または } f(x) \to c \ (x \to a)$$
と表す.

正確な定義を述べれば,$\lim_{x \to a} f(x) = c$ とは,任意の正の数 ε に対して
$$x \in D, \ 0 < |x - a| < \delta \text{ ならば } |f(x) - c| < \varepsilon$$
となる正の数 δ が存在することである (§2.1 で数列の極限について説明した文を参照).

例1 $f(x) = 2x$ (定義域は $\boldsymbol{R}$),a を定数とすると
$$\lim_{x \to a} f(x) = 2a$$

実際,ε を任意の正の数とする.δ を,$0 < \delta < \dfrac{\varepsilon}{2}$ をみたす数とする.$0 < |x - a| < \delta$ をみたす x に対しては,
$$|f(x) - 2a| = 2|x - a| < 2\delta < \varepsilon$$

例 2 a を定数とし，$f(x) = x^2$，$g(x) = \dfrac{f(x) - f(a)}{x - a}$ とする．このとき，

$$\lim_{x \to a} g(x) = \lim_{x \to a} \frac{x^2 - a^2}{x - a} = \lim_{x \to a} (x + a) = 2a$$

例 2 の場合，$x = a$ では $g(x)$ の値はない（定義されていない）が，このような場合でも極限 $\lim_{x \to a} g(x)$ を考えることはできる．

点 a を含む開区間 $(a - d, a + d)$（d は正の数）を a の近傍という．

「関数 $f(x)$ は a の近傍で定義されている」という表現は，ある正の数 d が存在して，開区間 $(a - d, a + d)$ が $f(x)$ の定義域に含まれていることを意味する．

「関数 $f(x)$ は a の，a を除く近傍で定義されている」という表現は，ある正の数 d が存在して，開区間 $(a - d, a + d)$ から a を除いた部分が $f(x)$ の定義域に含まれていることを意味する（$x = a$ では $f(x)$ は定義されていても定義されていなくてもどちらでもよい）．

関数 $f(x)$ が $x = a$ の，a を除く近傍で定義されているとき，極限 $\lim_{x \to a} f(x)$ を考えることができる．

> **問題 2.3.1.** 次の極限値があれば求めよ．
> (1) $\displaystyle\lim_{x \to 0} \frac{x}{x + x^2}$ (2) $\displaystyle\lim_{x \to 1} \frac{x^{\frac{3}{2}} - 1}{x - 1}$ (3) $\displaystyle\lim_{h \to 0} \frac{(1 + h)^4 - 1}{h}$
>
> **問題 2.3.2.** a を定数とし，次の与えられた $f(x)$ について $\displaystyle\lim_{x \to a} \frac{f(x) - f(a)}{x - a}$ を求めよ．
> (1) $f(x) = \sqrt{x}$ （$a > 0$） (2) $f(x) = x^3$

x が a に右から近づくときの $f(x)$ の極限は**右極限**といわれ，$\lim_{x \to a+0} f(x)$ で表される．正確に定義すれば，$\lim_{x \to a+0} f(x) = c$ とは，任意の正の数 ε に対して，

$$x \in D,\ 0 < x - a < \delta \text{ ならば } |f(x) - c| < \varepsilon$$

となる正の数 δ が存在することである．

x が a に左から近づくときの $f(x)$ の極限は**左極限**といわれ，$\lim_{x \to a-0} f(x)$ で表される．

$\lim_{x \to a-0} f(x) = c$ とは，任意の正の数 ε に対して，
$$x \in D,\ 0 < a - x < \delta \text{ ならば } |f(x) - c| < \varepsilon$$
となる正の数 δ が存在することである．
$$\lim_{x \to 0+0} f(x),\ \lim_{x \to 0-0} f(x)$$
はそれぞれ
$$\lim_{x \to +0} f(x),\ \lim_{x \to -0} f(x)$$
と書き表してもよい．

問題 2.3.3. $f(x) = \dfrac{|x|}{x}\ (x \neq 0)$ について，$\lim_{x \to +0} f(x)$ と $\lim_{x \to -0} f(x)$ を求めよ．

x が右から限りなく 0 に近づくとき，$\dfrac{1}{x}$ の値は限りなく大きくなる．また，x が左から限りなく 0 に近づくとき，$\dfrac{1}{x}$ の値は限りなく小さくなる．
$\lim_{x \to a+0} f(x) = +\infty$，または $f(x) \to +\infty\ (x \to a+0)$ とは，任意の正の数 A に対してある正の数 δ が存在して，
$$0 < x - a < \delta \quad \text{ならば} \quad f(x) > A$$
となることである．

また，$\lim_{x \to a-0} f(x) = +\infty$，または $f(x) \to +\infty\ (x \to a-0)$ とは，任意の正の数 A に対してある正の数 δ が存在して，
$$0 < a - x < \delta \quad \text{ならば} \quad f(x) > A$$
となることである．

$\lim_{x \to a+0} f(x) = +\infty,\ \lim_{x \to a-0} f(x) = +\infty$ などは一種の極限であるが，極限値ではない．極限値といえば有限の値に収束することをいう．

$\lim_{x \to a+0} \{-f(x)\} = +\infty$ （または $\lim_{x \to a-0} \{-f(x)\} = +\infty$）のとき，$\lim_{x \to a+0} f(x) = -\infty$ （または $\lim_{x \to a-0} f(x) = -\infty$）と書き表す．

x が限りなく大きくなるとき，$\dfrac{1}{x}$ の値は限りなく 0 に近づく．
$$\lim_{x \to +\infty} f(x) = c,\ \text{または}\ f(x) \to c\ (x \to +\infty)$$
とは，任意の正の数 ε に対してある正の数 M が存在して，
$$x > M \text{ ならば } |f(x) - c| < \varepsilon$$

となることである．

> **問題 2.3.4.**
> (1) $\lim_{x \to -\infty} f(x) = c$ の定義を与え，$\lim_{x \to -\infty} \dfrac{|x|}{\sqrt{x^2+1}} = 1$ を示せ．
> (2) $\lim_{x \to +\infty} f(x) = +\infty$ の定義を与え，$\lim_{x \to +\infty} \sqrt{x+1} = +\infty$ を示せ．

以上の定義から次のことは容易にわかる．

> **定理 2.3.1.** 極限値 $\lim_{x \to a} f(x) = p$, $\lim_{x \to a} g(x) = q$ が存在すれば次のことが成り立つ．
> (1) $\lim_{x \to a}\{f(x) \pm g(x)\} = p \pm q$ （複号同順）
> (2) $\lim_{x \to a}\{kf(x)\} = kp$ （k は定数）
> (3) $\lim_{x \to a}\{f(x)g(x)\} = pq$
> (4) $g(x) \neq 0$, $q \neq 0$ ならば，$\lim_{x \to a} \dfrac{f(x)}{g(x)} = \dfrac{p}{q}$
> (5) $f(x) \geqq g(x)$ ならば，$p \geqq q$
> (6) $\lim_{x \to p} h(x) = b$, $h(p) = b$ ならば，$\lim_{x \to a} h(f(x)) = b$

§2.4 連続関数

関数 $y = f(x)$ は a の近傍で定義されているとする．

極限値 $\lim_{x \to a} f(x)$ が存在し，かつその極限値が $f(a)$ と一致するとき，$f(x)$ は $x = a$ において連続であるという．これは次のようにいいかえることもできる．

「任意の正の数 ε に対してある正の数 δ が存在して，$|x - a| < \delta$ ならば $|f(x) - f(a)| < \varepsilon$ となる」

区間 I で定義された関数 $f(x)$ が I に属する任意の点 a で連続であるとき，$f(x)$ は区間 I で連続であるという．

I が開区間でない場合には，次のように解釈する．たとえば，I が閉区間 $[a, b]$ であるとして，$f(x)$ が左端点 a で右連続であるとは，右極限値 $\lim_{x \to a+0} f(x)$ が存在し，それが $f(a)$ と一致することである．

$f(x)$ が右端点 b で左連続であるとは，左極限値 $\lim_{x \to a-0} f(x)$ が存在し，それが $f(a)$ と一致することである．$f(x)$ が区間 I の両端点以外の点で連続，左端点 a で右連続，右端点 a で左連続であるとき，$f(x)$ は I で連続であるという．

次のことは極限の性質から容易にわかる．

定理 2.4.1.
(I) 関数 $f(x), g(x)$ が $x = a$ で連続ならば
$$f(x) \pm g(x), \ kf(x) \ (k \text{ は定数}), f(x)g(x)$$
はそれぞれ $x = a$ で連続である．

さらに，a の近傍で $g(x) \neq 0$ ならば，$\dfrac{f(x)}{g(x)}$ は $x = a$ で連続である．

(II) $f(x)$ が $x = a$ で連続，$f(a) = b$ で，$g(x)$ が b で連続ならば，$g(f(x))$ は $x = a$ で連続である．

例 $\mathbf{R}$ を定義域とする関数 $f(x) = x$ は定義域において連続である．したがって，定理 2.4.1 の (I) より，多項式で与えられる関数
$$f(x) = \sum_{i=1}^{n} a_i x^i = a_0 + a_1 x + \cdots + a_n x^n$$
は定義域において連続である．

関数 $\log x, \sin x, \cos x, \tan x, e^x, x^\alpha$ （α は定数）などはすべておのおのの定義域において連続である．したがって，定理 2.4.1 の (II) により，これらの合成関数はすべておのおのの定義域において連続である．

問題 2.4.1. $f(x) = \dfrac{1}{x}$ とする．

(1) $\varepsilon = \dfrac{1}{1000}$ について，
$$|x - 1| < \delta \quad \text{ならば} \quad |f(x) - f(1)| < \varepsilon$$
となるためには δ はどのような値であればよいか．

(2) $\varepsilon = \dfrac{1}{10000}$ についてはどうか．

(3) $\varepsilon = \dfrac{1}{10000}$ について，

$$\left|x - \frac{1}{10}\right| < \delta \quad \text{ならば} \quad \left|f(x) - f\left(\frac{1}{10}\right)\right| < \varepsilon$$

となるためには δ はどのような値であればよいか.

問題 2.4.2. $f(x) = x^2 + 1,\ g(x) = \dfrac{1}{x} - 1$ とする.
(1) $h(x) = g(f(x))$ を求めよ． (2) $\displaystyle\lim_{x \to 1} h(x)$ を求めよ.

問題 2.4.3.
(1) 幅が 0 でない区間には少なくとも 1 つの有理数が含まれることを証明せよ.
(2) $\sqrt{2}$ は無理数であることを証明せよ.
(3) a, b が有理数ならば $\sqrt{2}a + b$ も無理数であることを証明せよ.
(4) 幅が 0 でない区間には少なくとも 1 つの無理数が含まれることを証明せよ.
(5) 幅が 0 でない区間には無限個の有理数と無限個の無理数が含まれることを証明せよ.

問題 2.4.4.
$$f(x) = \begin{cases} 1 & (x \text{ は有理数}) \\ -1 & (x \text{ は無理数}) \end{cases}$$
で定義される関数 $f(x)$ は連続ではないことを示せ.

定理 2.4.2. 関数 $f(x)$ は $x = a$ で連続とする. 数列 $\{a_n\}_{n=1}^\infty$ は a に収束するものとすれば, $\displaystyle\lim_{n \to \infty} f(a_n) = f(a)$ である.

証明 ε を任意の正の数とする. ある正の数 δ が存在して, $|x - a| < \delta$ をみたす任意の x について $|f(x) - f(a)| < \varepsilon$ となる. この δ に対して, ある自然数 N が存在して, $n > N$ である自然数 n については $|a_n - a| < \delta$ となる. したがって, $n > N$ である自然数 n については
$$|f(a_n) - f(a)| < \varepsilon$$
となる.

例　$a_n = \dfrac{1}{n} \to 0 \ (n \to \infty)$, 関数 $f(x) = \sqrt{x+1}$ は連続である. よって,
$$\lim_{n \to \infty} \sqrt{\frac{1}{n} + 1} = 1.$$

定理 2.4.3. 関数 $f(x)$ は $x = a$ で連続とする. ある定数 k について $f(a) > k$ または $(f(a) < k)$ ならば, a のある近傍で $f(x) > k$ $(f(x) < k)$ である.

証明　$f(a) > k$ の場合, $\varepsilon = f(a) - k$ は正であるから, ある正の数 δ が存在して,
$$|x - a| < \delta \text{ ならば } |f(x) - f(a)| < \varepsilon$$
となる. したがって, a の近傍 $(a - \delta, a + \delta)$ において $k = f(a) - \varepsilon < f(x)$. $f(a) < k$ の場合も同様.

定理 2.4.4.（中間値の定理）　関数 $f(x)$ は閉区間 $[a, b]$ で連続とする. もし $f(a) < f(b)$ ならば, $f(a) < k < f(b)$ である任意の定数 k に対して, $f(c) = k$ となる数 c が開区間 (a, b) に存在する.

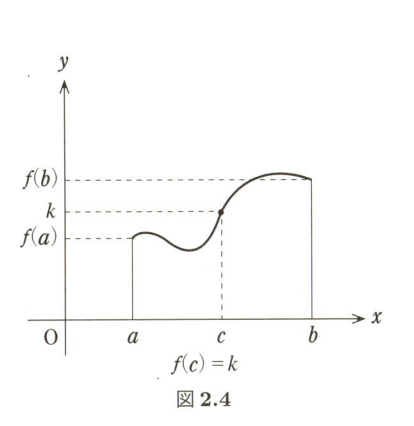

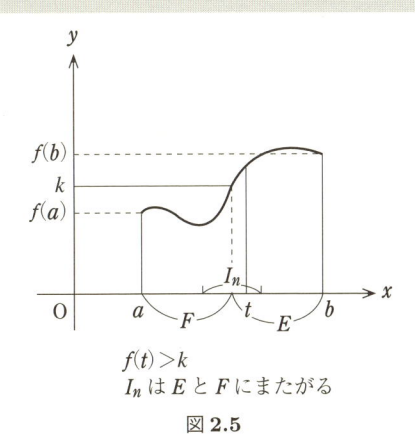

図 2.4　$f(c) = k$

図 2.5　$f(t) > k$　I_n は E と F にまたがる

証明　k は $f(a) < k < f(b)$ の範囲にある数とする. 閉区間 $[a, b]$ に属する数 x で, $t \in [a, b]$, $t < x$, $f(t) > k$ をみたす数 t が存在するものの全体を E とする. 閉区間 $[a, b]$ に属する数で, E に入らないものの全体を F とする（図 2.5）.

$k < f(b)$ であるから, 定理 2.4.3 により E は空集合ではない. また, $a \in F$ であるから, F も空集合ではない. $E \cup F = [a, b]$, $E \cap F = \phi$ である.

E と F の定義より, $x \in E$, $x \leqq x'$, $x' \in [a,b]$ ならば $x' \in E$ である. また, $x \in F$, $x' \leqq x$, $x' \in [a,b]$ ならば $x' \in F$ である.

以下において, 閉区間の無限列 $I_1 \supseteq I_2 \supseteq \cdots \supseteq I_n \supseteq I_{n+1} \cdots$ で,

(i) $n \to \infty$ のとき, I_n の幅は 0 に収束する

(ii) $I_n \cap E \neq \phi$

(iii) $I_n \cap F \neq \phi$

をみたすものが存在することを示す.

まず $I_1 = [a,b]$ とし, $d_1 = \dfrac{a+b}{2}$ とする. 閉区間 I_1 を $[a,d_1]$ と $[d_1,b]$ に分けて, もし $[a,d_1] \cap E \neq \phi$ ならば $I_2 = [a,d_1]$ とおく. もし $[a,d_1] \cap E = \phi$ ならば $I_2 = [d_1,b]$ とおく.

上のとりかたから, $I_2 \cap E \neq \phi$, $I_2 \cap F \neq \phi$ である. 次に $I_2 = [a_2, b_2]$ とし, 同様のことを繰り返す.

以下同様に, $I_n \cap E \neq \phi$, $I_n \cap F \neq \phi$ をみたす $I_n = [a_n, b_n]$ が得られたら, $d_n = \dfrac{a_n + b_n}{2}$ として, もし $[a_n, d_n] \cap E \neq \phi$ ならば $I_{n+1} = [a_n, d_n]$, もし $[a_n, d_n] \cap E = \phi$ ならば $I_{n+1} = [d_n, b_n]$ とおく.

こうして得られる区間列 $I_1 \supseteq I_2 \supseteq \cdots \supseteq I_n \supseteq I_{n+1} \cdots$ が上の (i), (ii), (iii) の条件をみたすことは容易に確かめられる.

Cantor の公理により, $\bigcap_{i=1}^{\infty} I_n$ に属する数 c が存在する. $f(c) = k$ であることを示す.

仮に $f(c) < k$ とする. 定理 2.4.3 より, ある正の数 d が存在して開区間 $(c-d, c+d)$ で $f(x) < k$ となる. (i) より, 十分大きい自然数 n に対しては $I_n \subseteq (c-d, c+d)$ となる. したがって, I_n ではつねに $f(x) < k$ である. $I_n \cap E \neq \phi$ であるから, $t < x$, $f(t) > k$ となる数 t, x が区間 $[a,b]$ 内にある. 上に述べたことから, この t は I_n 内にはありえない. したがって, t は I_n より左にある. このことは $I_n \cap F \neq \phi$ に反す.

同様にして, $f(c) > k$ も矛盾をきたす. よって, $f(c) = k$ である.

問題 2.4.5. 関数 $f(x)$ が区間 I で単調増加であるとは, $x, x' \in I$, $x < x'$ である任意の x, x' について $f(x) \leqq f(x')$ となることをいう.

(1) 関数 $f(x) = \sin x$ は区間 $\left[-\dfrac{\pi}{2}, \dfrac{\pi}{2}\right]$ において連続かつ単調増加であることを

示せ.

(2) $-1 < c < 1$ の範囲にある任意の実数 c に対して，$\sin x_0 = c$ をみたす x_0 が $-\dfrac{\pi}{2} < x_0 < \dfrac{\pi}{2}$ の範囲に唯一存在することを示せ.

問題 2.4.6.
(1) $f(x) = a_0 x^3 + a_1 x^2 + a_2 x$ $(a_0, a_1, a_2$ は定数, $a_0 > 0)$ について，
$$\lim_{x \to +\infty} f(x) = +\infty, \quad \lim_{x \to -\infty} f(x) = -\infty$$
であることを示せ.

(2) (1) の $f(x)$ について，方程式 $f(x) = 0$ は少なくとも 1 つの実根をもつことを示せ.

(3) n が奇数であるとき，方程式
$$a_0 x^n + a_1 x^{n-1} + \cdots + a_n = 0 \ (a_0 \neq 0)$$
は，少なくとも 1 つの実根をもつことを示せ.

区間 I で定義された関数 $f(x)$ が I において上に有界であるとは，ある定数 M が存在して，I に属する任意の実数 x について $f(x) \leqq M$ が成り立つことをいう．$f(x)$ が I において下に有界であるとは，ある定数 M が存在して，I に属する任意の実数 x について $M' \leqq f(x)$ が成り立つことをいう．上に有界かつ下に有界であるとき，有界であるという.

定理 2.4.5. 閉区間 $I = [a, b]$ で定義された関数 $f(x)$ が I で連続ならば，$f(x)$ は I において有界である.

証明 背理法による．仮に，$f(x)$ が I において上に有界でないとする．ならば，任意の自然数 n に対して，区間 I のなかに点 x_n で $f(x_n) > n$ となる点 x_n が存在する.

数列 $\{x_n\}_{n=1}^{\infty}$ は区間 $[a, b]$ に含まれるから，有界である（つねに $a \leqq x_n \leqq b$ である）．定理 2.1.3 により，$\{x_n\}_{n=1}^{\infty}$ の部分列で収束するものがある.

そのような部分列を $\{x_{n_i}\}_{i=1}^{\infty}$ とし，$x_{n_i} \to c \ (i \to \infty)$ とする.

$f(x)$ は I で連続であるから，定理 2.4.2 により，$f(x_{n_i}) \to f(c) \ (i \to \infty)$ である.

一方，$f(x_{n_i}) > n_i$ であるから，$f(x_{n_i})$ は $+\infty$ に発散する．これは矛盾で

ある．したがって，$f(x)$ は I において上に有界である．同様に，$f(x)$ は I において下に有界である．

区間 I において関数 $f(x)$ が定義されていて，x_0 は区間 I の点であるとする．$f(x)$ が区間 I 内の点 x_0 において最大値をとる，あるいは，$M = f(x_0)$ は関数 $f(x)$ の区間 I における**最大値**であるとは，I に属する任意の数 x について $f(x) \leqq f(x_0)$ となることをいう．

$f(x)$ が区間 I 内の点 x_0 において最小値をとる，あるいは，$m = f(x_0)$ は関数 $f(x)$ の区間 I における**最小値**であるとは，I に属する任意の数 x について $f(x) \geqq f(x_0)$ となることをいう．

$f(x)$ が区間 I で最大値をもつならば，$f(x)$ は I において上に有界である．

しかし，$f(x)$ が I において上に有界であっても，$f(x)$ が I で最大値をもつとは限らない．

例 関数 $f(x) = x^2$ は区間 $I = (0, 1)$ において上に有界である（つねに $f(x) < 100$ である）が，$f(x)$ の I における最大値はない．

定理 2.4.6.（最大・最小の原理） 閉区間 $I = [a, b]$ で連続な関数 $f(x)$ は I において最大値と最小値をとる．

証明 区間 $[a, b]$ における $f(x)$ の値域を A とし，A のどの値よりも大きい実数の全体を B とする．定理 2.4.5 により B は空集合ではない．また B は，もし $t \in B, t < t'$ ならば $t' \in B$ となるという性質をもつ．

区間 $[a, b]$ 内の数 x_0 を 1 つとり，$f(x_0) = \alpha_1$ とする．B に属する数 β_1 を 1 つとり，$I_1 = [\alpha_1, \beta_1]$ とする．明らかに $A \cap I_1 \neq \phi$, $B \cap I_1 \neq \phi$ である．

定理 2.4.4 の証明と同様にして，$A \cap I_n \neq \phi$, $B \cap I_n \neq \phi$ をみたす $I_n = [\alpha_n, \beta_n]$ まで得られたら，$\gamma_n = \dfrac{\alpha_n + \beta_n}{2}$ とする．

もし $B \cap [\alpha_n, \gamma_n] = \phi$ ならば $I_{n+1} = [\gamma_n, \beta_n]$ とする．このとき $B \cap I_{n+1} \neq \phi$ である．また，$\gamma_n \in A$ であるから，$A \cap I_{n+1} \neq \phi$ である．

もし $B \cap [\alpha_n, \gamma_n] \neq \phi$ ならば $I_{n+1} = [\alpha_n, \gamma_n]$ とする．このとき $B \cap I_{n+1} \neq \phi$ は明らか．また，$A \cap I_n \neq \phi$, $[\gamma_n, \beta_n] \subseteq B$ により $A \cap I_{n+1} \neq \phi$ である．

このようにして，各 I_n の幅が $\dfrac{\beta_n - \alpha_n}{2^{n-1}}$ で，$A \cap I_n \neq \phi$，$B \cap I_n \neq \phi$ をみたす閉区間の列 $I_1 \supseteq I_2 \supseteq \cdots \supseteq I_n \supseteq \cdots$ が得られる．

Cantor の公理により，$M \in \bigcap_{i=1}^{\infty} I_i$ である M が存在する．このとき，区間 $[a,b]$ に属する任意の実数 x に対して $f(x) \leqq M$ である．

なぜなら，仮に $f(x_0) > M$ となる $x_0 \in [a,b]$ があったとする．

n を十分大きくとれば，$f(x_0) - M > \dfrac{\beta_1 - \alpha_1}{2^{n-1}}$ となるようにできる．$M \in I_n$ であり，$\dfrac{\beta_1 - \alpha_1}{2^{n-1}}$ は I_n の幅であるから，$f(x_0)$ は I_n より右にある．つまり，$f(x_0) > \beta_n$ である．

$B \cap I_n \neq \phi$ であるから，I_n には $t \in B$ である数 t が含まれる．$t < f(x_0)$ であるから，前に述べた集合 B の性質から $f(x_0) \in B$ となる．これは $f(x_0)$ が値域 A に入っていることに矛盾する．

次に，$f(c) = M$ となる数 c が区間 $[a,b]$ 内に存在することを示す．

各 n について，$A \cap I_n \neq \phi$ であるから，$f(x_n) \in I_n$ となる $x_n \in [a,b]$ をとることができる．定理 2.1.3 により，数列 $\{x_n\}_{n=1}^{\infty}$ の部分列 $\{x_{n_i}\}_{i=1}^{\infty}$ で収束するものがある．

$x_{n_i} \to c \ (i \to \infty)$ とすると，定理 2.4.2 により $\lim_{i \to \infty} f(x_{n_i}) = f(c)$ である．

他方，$f(x_n) \in I_n$ であり，I_n は M に収束するから $\lim_{i \to \infty} f(x_{n_i}) = M$ である．よって $M = f(c)$ は区間 $[a,b]$ における最大値である．

$f(x)$ の代わりに $-f(x)$ を考えれば，$f(x)$ は区間 $[a,b]$ において最小値をとることがわかる．

問題 **2.4.7.** 次の関数の，与えられた区間における最大値と最小値を求めよ．
(1) $f(x) = \cos x$，区間 $[0, 2\pi]$ (2) $f(x) = \dfrac{1}{x}$，区間 $[2, 3]$
(3) $f(x) = \sqrt{x}$，区間 $[0, 1]$ (4) $f(x) = 2x^3 - 3x^2 + 1$，区間 $[0, 2]$

関数 $f(x)$ が区間 I で定義されているとする．$f(x)$ が区間 I で連続であることの定義は先に述べた．すなわち，$f(x)$ が区間 I で連続であるとは，次の条件がみたされることである．

「区間 I の任意の点 c と任意の正の数 ε に対して，ある正の数 δ が存在し，
$$x \in I, \ |x-c| < \delta \ \text{ならば} \ |f(x)-f(c)| < \varepsilon$$
となる．」

この場合，点 c と ε に対して上の条件をみたす δ があるのであるから，文脈上 δ は一般に c と ε の双方に依存する．

これに対して，点 c には無関係に ε に対して上の条件をみたす δ が存在する場合がある．このようなとき，$f(x)$ は区間 I で一様連続であるという．すなわち，$f(x)$ が区間 I で一様連続であるとは，次の条件がみたされることである．

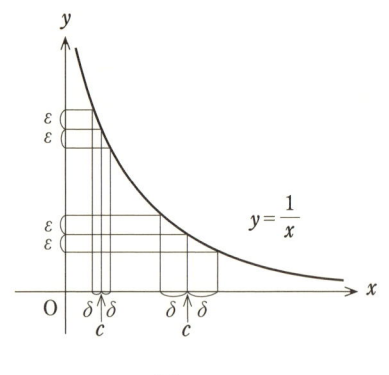

図 2.6

「任意の正の数 ε に対してある正の数 δ が存在し，
$$x, c \in I, \ |x-c| < \delta \ \text{ならば} \ |f(x)-f(c)| < \varepsilon$$
となる．」

上の定義から明らかなように，一様連続であることは連続であることの十分条件である．しかし，$f(x)$ が区間 I で連続であっても，$f(x)$ は区間 I で一様連続であるとは限らない．

定理 2.4.7. 関数 $f(x)$ が閉区間 $I = [a,b]$ で連続ならば，$f(x)$ は I で一様連続である．

§2.5 逆関数と逆三角関数

関数 $f(x)$ が区間 I で定義されていて，値域が A であるとする．もし A で定義された関数 $g(x)$ があって，
$$f(g(x)) = x, \ g(f(x)) = x$$
が成立するならば，この $g(x)$ を $f(x)$ の逆関数といい，$g(x) = f^{-1}(x)$ と表す．$f(x)$ の逆関数は，もし存在するならば唯一である．

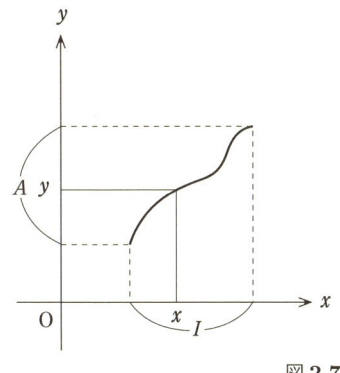

2.5 逆関数と逆三角関数

図 2.7

例 区間 $x > 0$ で関数 $y = \dfrac{1}{2x} + 1$ が定義されているとする．これは，

$$x = \frac{1}{2(y-1)}$$

と書きなおされる．よって，実数 x に対して $\dfrac{1}{2(x-1)}$ を対応させる関数 $g(x)$ は

$$f(g(x)) = x,\, g(f(x)) = x$$

をみたす．この $g(x)$ が $f(x)$ の逆関数である．

$f(x)$ の逆関数を

$$f^{-1}(x) = \frac{1}{2(x-1)}$$

と表すか

$$f^{-1}(y) = \frac{1}{2(y-1)}$$

と表すかは，印刷上の問題であって，関数の本質には関係ない．

図 2.8 からわかるように，関数 $y = f(x)$ のグラフと関数 $y = f^{-1}(x)$ のグラフは直線 $y = x$ に関して線対称である．

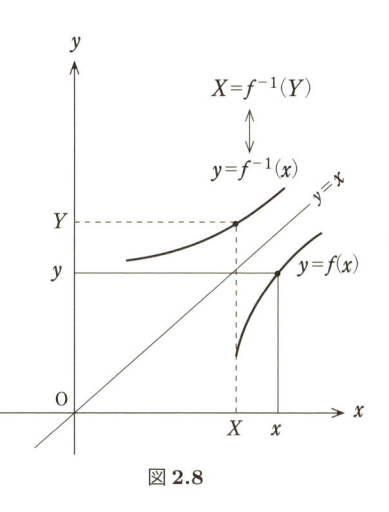

図 2.8

区間 I で関数 $f(x)$ が単調増加であるとは，区間 I に属して $x < x'$ である x, x' に対してつねに $f(x) \leqq f(x')$ となることをいう．

区間 I で関数 $f(x)$ が強い意味で単調増加であるとは，区間 I に属して $x < x'$ である x, x' に対してつねに $f(x) < f(x')$ となることをいう．

上で，$f(x)$ と $f(x')$ の大小関係が逆の場合はそれぞれ単調減少，強い意味で単調減少であるという．

次の定理は，ある条件のもとでは逆関数が存在することを保証するものである．

定理 2.5.1.
(I) 関数 $f(x)$ は区間 $[a, b]$ において連続で，この区間で強い意味で単調増加であるとする．ならば，区間 $[f(a), f(b)]$ を定義域とする $f(x)$ の逆関数 $f^{-1}(x)$ が存在し，$f^{-1}(x)$ はこの区間で連続で，強い意味で単調増加である．
(II) 関数 $f(x)$ は区間 $[a, b]$ において連続で，この区間で強い意味で単調減少であるとする．ならば，区間 $[f(b), f(a)]$ を定義域とする $f(x)$ の逆関数 $f^{-1}(x)$ が存在し，$f^{-1}(x)$ はこの区間で連続で，強い意味で単調減少である．

証明 同じことなので (I) を証明する．関数 $f(x)$ は区間 $[a, b]$ において連続で，この区間で強い意味で単調増加であるとする．中間値の定理 (定理 2.4.4) により，$f(a) \leqq y \leqq f(b)$ の範囲にある数 y に対して，$f(x) = y$ となる数 x が区間 $[a, b]$ 内にある．$f(x)$ は強い意味で単調増加であるから，このような x は唯一である．そこで，y に対してこのような x を対応させる関数を $x = g(y)$ で表すことにすると，$g(y)$ は区間 $[f(a), f(b)]$ を定義域とする関数で，$f(g(x)) = x$, $g(f(x)) = x$ をみたす．したがって，この関数 $g(x)$ は $f(x)$ の逆関数 $f^{-1}(x)$ である．

次にこの $f^{-1}(x)$ が連続であることを示す．

y_0 は，$f(a) < y_0 < f(b)$ の範囲にある任意の点とし，y_0 において $f^{-1}(y)$ は連続であることを示す．

$f^{-1}(y_0) = x_0$ とする．ε を任意の正の数とすれば，
$$f(x_0 - \varepsilon) < f(x_0) < f(x_0 + \varepsilon)$$

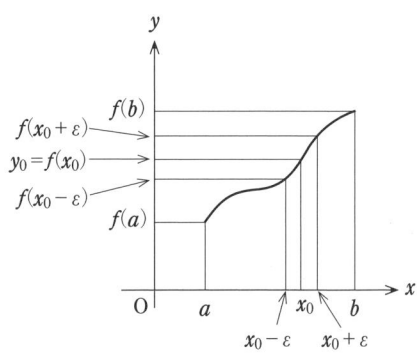

図 2.9

である．

$$\min\{f(x_0) - f(x_0 - \varepsilon),$$
$$f(x_0 + \varepsilon) - f(x_0)\} = \delta$$

とおけば，y が $|y - y_0| < \delta$ の範囲にあるとき，$f(x_0 - \varepsilon) < y < f(x_0 + \varepsilon)$ である．$f^{-1}(y)$ は単調増加であるから，このとき $f^{-1}(y)$ は $x_0 - \varepsilon < f^{-1}(y) < x_0 + \varepsilon$ の範囲にある．したがって，y が $|y - y_0| < \delta$ の範囲にあるときには，$|f^{-1}(y) - x_0| < \varepsilon$ となる．

y_0 が区間の左（下）端点 $f(a)$ あるいは右（上）端点 $f(b)$ である場合には，上と同様にしてそれぞれ y_0 における右連続性，左連続性を確かめることができる．

問題 2.5.1. 次の関数は与えられた区間で連続かつ強い意味で単調増加であることを示し，逆関数を求めよ．
(1) $f(x) = \dfrac{1}{2}x^3 - 1$ 区間 $(-\infty, +\infty)$
(2) $f(x) = \sqrt{5x + 1}$ 区間 $[0, +\infty)$
(3) $f(x) = a^{x^2+1}$ （a は 1 より大きい定数） 区間 $[0, +\infty]$

関数 $f(x) = \sin x$ は区間 $\left[-\dfrac{\pi}{2}, \dfrac{\pi}{2}\right]$ において連続かつ強い意味で単調増加であって，$f\left(-\dfrac{\pi}{2}\right) = -1$, $f\left(\dfrac{\pi}{2}\right) = 1$ である．したがって，定理 2.5.1 の (I) により，区間 $[-1, 1]$ において $f(x)$ の逆関数 $f^{-1}(x)$ が与えられる．この関数を $\arcsin x$ または $\sin^{-1} x$ で表す．

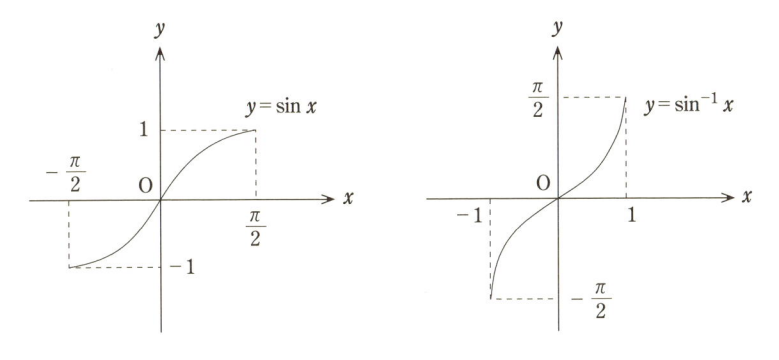

図 2.10

関数 $f(x) = \cos x$ は区間 $[0, \pi]$ において連続かつ強い意味で単調減少であって，$f(0) = 1$, $f(\pi) = -1$ である．したがって，定理 2.5.1 の (II) により，区間 $[-1, 1]$ において $f(x)$ の逆関数 $f^{-1}(x)$ が与えられる．この関数を $\arccos x$ または $\cos^{-1} x$ で表す．

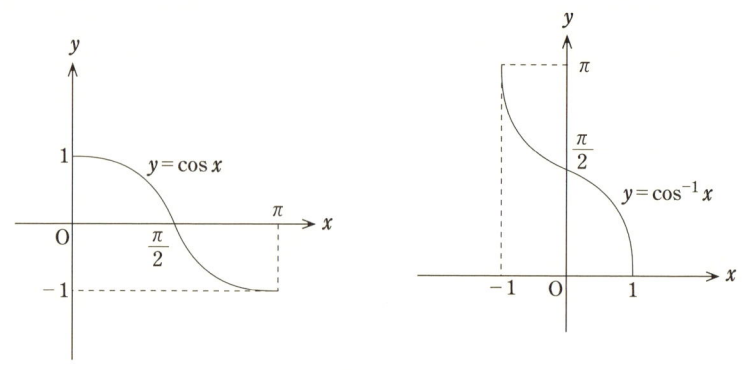

図 2.11

関数 $f(x) = \tan x$ は区間 $\left(-\dfrac{\pi}{2}, \dfrac{\pi}{2}\right)$ において連続かつ強い意味で単調増加であって，

$$\lim_{x \to -\frac{\pi}{2}+0} \tan x = -\infty, \quad \lim_{x \to \frac{\pi}{2}-0} \tan x = +\infty$$

である．したがって，定理 2.5.1 により（定理 2.5.1 がそのまま適用できるわけではないが証明はこの場合にも適用できる），$\boldsymbol{R}$ において $\tan x$ の逆関数が与えられる．この関数を $\arctan x$ または $\tan^{-1} x$ で表す．

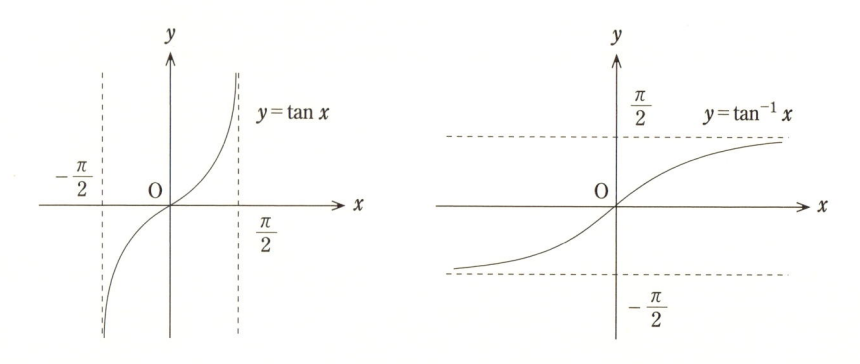

図 2.12

2.5 逆関数と逆三角関数

問題 2.5.2. 次の値を求めよ．

(1) $\sin^{-1}\dfrac{1}{2}$ (2) $\sin^{-1}\left(-\dfrac{1}{2}\right)$ (3) $\sin^{-1}\dfrac{\sqrt{3}}{2}$ (4) $\sin^{-1}\left(-\dfrac{\sqrt{3}}{2}\right)$

(5) $\sin^{-1}\dfrac{1}{\sqrt{2}}$ (6) $\sin^{-1}(-1)$ (7) $\sin^{-1}0$ (8) $\cos^{-1}\dfrac{1}{2}$

(9) $\cos^{-1}\left(-\dfrac{\sqrt{3}}{2}\right)$ (10) $\cos^{-1}(-1)$ (11) $\cos^{-1}\dfrac{1}{\sqrt{2}}$

(12) $\tan^{-1}\sqrt{3}$ (13) $\tan^{-1}(-\sqrt{3})$ (14) $\tan^{-1}0$

(15) $\tan^{-1}\left(-\dfrac{1}{\sqrt{3}}\right)$ (16) $\tan^{-1}(-1)$

問題 2.5.3. 次の式を証明せよ（なぜ $\pm\pi$ がついているかも考えよ）．

$$\tan^{-1}\frac{a+b}{1-ab} = \tan^{-1}a + \tan^{-1}b \; (\pm\pi)$$

この章の最後に，極限

$$(*) \quad \lim_{x\to\infty}\left(1+\frac{1}{x}\right)^x = e$$

をとりあげる．すでに §2.2 において極限

$$(**) \quad \lim_{n\to\infty}\left(1+\frac{1}{n}\right)^n = e$$

をとりあげた．x と n の違いだけで同じことではないかと思われるかもしれないが，$(*)$ においては x は連続的な値をとりながら変化する．それに対して，$(**)$ は数列の極限であるから，n は連続的ではなく 1 の次は 2，次は 3，次は 4，$\cdots$，というように飛び飛びの値で変化してゆく．したがって，$(**)$ の極限値があるからといって $(*)$ の極限値があるとはいえないし，これらの極限値が一致することは自明なことではない．

実数 x に対して $n \leqq x < n+1$ をみたす整数 n を $n = [x]$ で表す（§1.3 問題 1.3.4）．$x \to \infty$ のとき $n = [x] \to \infty$ である．

$1 + \dfrac{1}{n+1} < 1 + \dfrac{1}{x} \leqq 1 + \dfrac{1}{n}$ であるから，

$$\left(1+\frac{1}{n+1}\right)^n < \left(1+\frac{1}{x}\right)^n \leqq \left(1+\frac{1}{x}\right)^x \leqq \left(1+\frac{1}{n}\right)^x < \left(1+\frac{1}{n}\right)^{n+1}$$

$x \to \infty$ のとき，左端は

$$\left(1+\frac{1}{n+1}\right)^n = \left(1+\frac{1}{n+1}\right)^{n+1} \cdot \left(1+\frac{1}{n+1}\right)^{-1} \to e,$$

右端は

$$\left(1+\frac{1}{n}\right)^{n+1} = \left(1+\frac{1}{n}\right)^n \cdot \left(1+\frac{1}{n}\right) \to e$$

であるから，間に挟まれた $\left(1+\dfrac{1}{x}\right)^x$ は e に収束する．

同様にして，

$$\lim_{x \to -\infty} \left(1+\frac{1}{x}\right)^x = e, \quad \lim_{h \to 0}(1+h)^{\frac{1}{h}} = e$$

を示すことができる．

この定数 e を自然対数の底といい，e を底とする対数 $\log_e x$ を $\log x$ で表し，自然対数という．

▲▽▲▽▲▽▲▽▲▽▲ 章末問題 2 ▲▽▲▽▲▽▲▽▲▽▲

1. a_n が次の式で与えられる数列 $\{a_n\}_{n=1}^{\infty}$ は収束するか発散するか判定せよ．収束するときにはその極限を求めよ．

   (1) $a_n = \dfrac{n^2 - 3n + 3}{-2n^2 + 1}$ (2) $a_n = \dfrac{3n^3 - 4n^2 + 5n + 6}{n^3 + 2n^2 - 5n + 1}$

   (3) $a_n = \sqrt{n+1} - \sqrt{n}$ (4) $a_n = \dfrac{n + \sqrt{n}}{1 + \sqrt{n}}$ (5) $a_n = \dfrac{1}{n} \sin \dfrac{n\pi}{4}$

2. (1) 数列 $\{a_n\}_{n=1}^{\infty}$ に対して，

   $$b_n = \frac{1}{n}(a_1 + a_2 + \cdots + a_n)$$

   により数列 $\{b_n\}_{n=1}^{\infty}$ を定める．もし $\lim\limits_{n \to \infty} a_n = a$ ならば $\lim\limits_{n \to \infty} b_n = a$ であることを示せ．

   (2) $a_n = \dfrac{(-1)^n + n}{n + 1}$ とするとき，数列 $\{a_n\}_{n=1}^{\infty}$ の極限を求めよ．また，

   $$b_n = \frac{1}{n}(a_1 + a_2 + \cdots + a_n)$$

   とするとき，$\{b_n\}_{n=1}^{\infty}$ の極限を求めよ．

3. a, b は $0 < a < b$ をみたす定数とする．数列 $\{a_n\}_{n=1}^{\infty}, \{b_n\}_{n=1}^{\infty}$ を

   $$a_1 = a, \ b_1 = b,$$
   $$a_{n+1} = \sqrt{a_n b_n}, \ b_{n+1} = \frac{1}{2}(a_n + b_n)$$

によって定める．
(1) $a_n < b_n$ であることを示せ．
(2) 閉区間 I_n を $I_n = [a_n, b_n]$ とすると，$I_{n+1} \subseteq I_n$ であることを示せ．
(3) $\lim_{n \to \infty}(b_n - a_n) = 0$ を示せ．
(4) 数列 $\{a_n\}_{n=1}^{\infty}$，$\{b_n\}_{n=1}^{\infty}$ はともに収束し，$\lim_{n \to \infty} a_n = \lim_{n \to \infty} b_n$ であることを示せ．

4. a, b, c は負でない定数で，a, b, c のうち少なくとも 1 つは 0 ではないとする．数列 $\{a_n\}_{n=1}^{\infty}$ を
$$a_1 > 0, \quad a_{n+1} = a + \frac{c}{b + a_n}$$
によって定める．
(1) 数列 $\{a_n\}_{n=1}^{\infty}$ は有界であることを示せ．
(2) $a_{n+2} - a_{n+1} = -\dfrac{c}{(b + a_{n+1})(b + a_n)}(a_{n+1} - a_n)$,
$\dfrac{a_{n+2} - a_{n+1}}{a_{n+1} - a_n} = -\dfrac{a_{n+1} - a}{a_{n+1} + b}$
を示せ．
(3) $0 < -\dfrac{a_{n+2} - a_{n+1}}{a_{n+1} - a_n} < 1$ を示せ．
(4) 数列 $\{a_{2n}\}_{n=1}^{\infty}$，$\{a_{2n+1}\}_{n=1}^{\infty}$ はそれぞれ収束することを示せ．
(5) 数列 $\{a_n\}_{n=1}^{\infty}$ は収束することを示せ．
(6) $\lim_{n \to \infty} a_n = \dfrac{1}{2}\{a - b + \sqrt{(a+b)^2 + 4c}\}$
を示せ．

5. 数列 $\{a_n\}_{n=1}^{\infty}$ が $|a_{n+1}| = c_n|a_n|$ をみたし，$\{c_n\}_{n=1}^{\infty}$ は収束して，$\lim_{n \to +\infty} c_n = c$, $0 \leq c < 1$ ならば，$\{a_n\}_{n=1}^{\infty}$ は 0 に収束することを証明せよ．

3 ● 微　分

§3.1　微分係数

関数 $y=f(x)$ は $x=a$ の近傍で定義されているとする．極限値

$$\lim_{h\to 0}\frac{f(a+h)-f(a)}{h}$$

が存在するとき，$f(x)$ は $x=a$ で微分可能であるという．この極限値を $f'(a)$ で表し，$f(x)$ の $x=a$ における微分係数という．

微分係数とは，その点における接線の傾きである（図 3.1）．

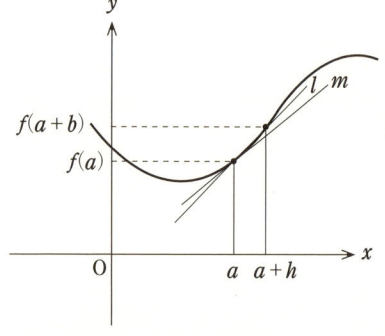

$\dfrac{f(a+h)-f(a)}{h}$ は，l の傾きである．$h\to 0$ とすると，これは点 $x=a$ における接線 m の傾きに近づく．

図 3.1

3.1 微分係数　49

　直線状の道路を走る車の時刻 t における位置 $x(t)$ のグラフは，速度が一定ならば直線状である（図 3.2）．このグラフの傾き（15 m/秒）は車の速度である．
　しかし速度が一定でなければグラフは直線状にはならない（図 3.3）．時刻 $t = a$ における傾き（微分係数）がこの瞬間の速度である．

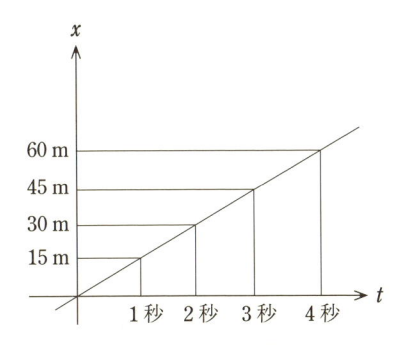

図 **3.2**

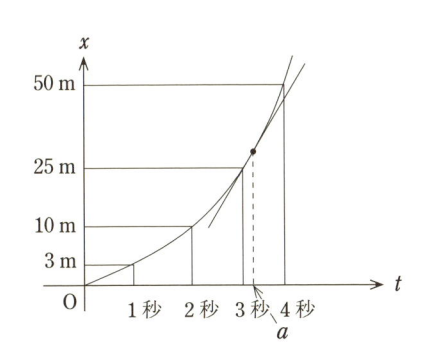

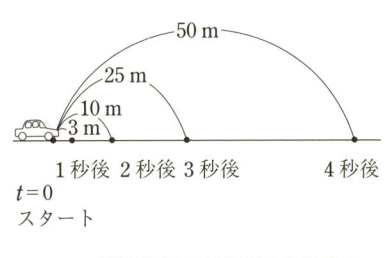

毎秒 15 m の速度で走る

図 **3.3**

速度がだんだん速くなる場合

　関数 $y = f(x)$ は $x = a$ の近傍で定義されているとする．
　右極限
$$\lim_{h \to +0} \frac{f(a+h) - f(a)}{h}$$
が存在するとき，$f(x)$ は $x = a$ で右方微分可能であるという．
　この右極限値を $f'_+(a)$ で表し，$f(x)$ の $x = a$ における右方微分係数という．
　左極限
$$\lim_{h \to -0} \frac{f(a+h) - f(a)}{h}$$

が存在するとき，$f(x)$ は $x=a$ で左方微分可能であるという．

この左極限値を $f'_-(a)$ で表し，$f(x)$ の $x=a$ における左方微分係数という．

$f(x)$ が $x=a$ において微分可能であれば，点 a における右方微分係数と左方微分係数は一致し，それらは点 a における微分係数に等しい．

区間 I で定義された関数 $f(x)$ が区間 I の各点 x で微分可能であるとき，$f(x)$ は区間 I で微分可能であるという．このとき，区間 I の各点 x に対してその点における微分係数 $f'(x)$ を対応させる関数を $f(x)$ の導関数という．ただし I が閉区間 $[a,b]$ である場合は，左端点 a においては右方微分係数 $f'_+(a)$ を対応させ，右端点では左方微分係数 $f'_-(b)$ を対応させる．

関数 $y=f(x)$ の導関数は
$$f'(x),\ y',\ \frac{d}{dx}f(x),\ \frac{df(x)}{dx},\ \frac{dy}{dx}$$
などで表される．与えられた関数についてその導関数を求める操作を「微分する」という．

例 (1) $f(x)=C$（定数）のとき，$f'(x)=0$

(2) $f(x)=x^n$（n は自然数）のとき，
$$f(x+h)-f(x)=(x+h)^n-x^n$$
$$=\left\{x^n+nx^{n-1}h+\binom{n}{2}x^{n-2}h^2+\cdots+h^n\right\}-x^n$$
$$=nx^{n-1}h+\binom{n}{2}x^{n-2}h^2+\cdots+h^n$$

であるから，
$$\frac{f(x+h)-f(x)}{h}=nx^{n-1}+\left\{\binom{n}{2}x^{n-2}h+\cdots+h^{n-1}\right\}.$$

$h\to 0$ のとき $\{\ \ \}$ のなかは $\to 0$ だから，
$$f'(x)=\lim_{h\to 0}\frac{f(x+h)-f(x)}{h}=nx^{n-1}.$$

(3) $f(x) = \sin x$ のとき,
$$f(x+h) - f(x) = \sin(x+h) - \sin x = 2\cos\left(x + \frac{h}{2}\right)\sin\frac{h}{2}$$
であるから,
$$\frac{f(x+h) - f(x)}{h} = \cos\left(x + \frac{h}{2}\right)\frac{\sin\frac{h}{2}}{\frac{h}{2}}.$$
$h \to 0$ のとき $\dfrac{\sin\frac{h}{2}}{\frac{h}{2}} \to 1$ であるから,
$$f'(x) = \lim_{h \to 0} \frac{f(x+h) - f(x)}{h} = \cos x.$$
(4) 上と同様にして, $f(x) = \cos x$ のとき $f'(x) = -\sin x$.

§2.5 において, 極限値 $\displaystyle\lim_{x \to \infty}\left(1 + \frac{1}{x}\right)^x = e$ の存在を示した. $\dfrac{1}{x} = h$ とおけば,
$$\left(1 + \frac{1}{x}\right)^x = (1+h)^{\frac{1}{h}} \to e \ (h \to +0)$$
である. したがって,
$$\log(1+h)^{\frac{1}{h}} \to \log e = 1 \ (h \to +0)$$
である. 同様に, $\log(1+h)^{\frac{1}{h}} \to \log e = 1 \ (h \to -0)$.

次に極限 $\displaystyle\lim_{x \to 0}\frac{1}{x}(e^x - 1)$ を考える.
$h = e^x - 1$ とおくと, $x = \log(1+h)$. $x \to 0$ のとき $h \to 0$ であるから,
$$\frac{x}{e^x - 1} = \frac{1}{h}\log(1+h) \to 1 \ (x \to 0).$$
したがって, $\displaystyle\lim_{x \to 0}\frac{1}{x}(e^x - 1) = 1$. $\dfrac{e^{x+h} - e^x}{h} = e^x \cdot \dfrac{e^h - 1}{h}$.
ここで $\dfrac{e^h - 1}{h} \to 1 \ (h \to 0)$ であるから, $f(x) = e^x$ の導関数は,
$$f'(x) = \lim_{h \to 0}\frac{f(x+h) - f(x)}{h} = e^x$$
となる.

微分と四則の関係については, 次のことが成り立つ (証明略).

定理 3.1.1. 関数 $f(x), g(x)$ がそれぞれ微分可能ならば,

(1) $\{f(x) \pm g(x)\}' = f'(x) \pm g'(x)$ （複号同順）

(2) $\{cf(x)\}' = cf'(x)$ （c は定数）

(3) $\{f(x)g(x)\}' = f'(x)g(x) + f(x)g'(x)$

(4) $\left\{\dfrac{f(x)}{g(x)}\right\}' = \dfrac{1}{\{g(x)\}^2}\{f'(x)g(x) - f(x)g'(x)\}$ （$g(x) \neq 0$ の範囲で）

主な関数の導関数は下のとおりである．

$f(x)$	$f'(x)$
x^n （n は自然数でなくてもよい）	nx^{n-1}
e^x	e^x
$\log x \quad (x > 0)$	$\dfrac{1}{x}$
$\sin x$	$\cos x$
$\cos x$	$-\sin x$
$\tan x$	$\dfrac{1}{\cos^2 x}$

次に合成関数の微分を考える．t の関数 $y = f(t)$ は t について微分可能とし，x の関数 $t = g(x)$ は x について微分可能とする．このとき y は $y = f(g(x))$ により，x の関数とみられる．

x の値の変化 Δx（Δx は微小とする．このような微小な変化を x の増分という）に対応する t の変化を Δt とする．y は t の関数であるから，t の変化 Δt は y の変化 Δy を引き起こす．

$$\frac{\Delta y}{\Delta x} = \frac{\Delta y}{\Delta t} \cdot \frac{\Delta t}{\Delta x},$$

$\Delta x \to 0$ のとき $\Delta t \to 0$ であるから，

$$\frac{\Delta y}{\Delta t} \to \frac{dy}{dt}, \frac{\Delta t}{\Delta x} \to \frac{dt}{dx}.$$

したがって，

$$\frac{dy}{dx} = \frac{dy}{dt}\frac{dt}{dx}$$

となる．

例 $y=(\sin x)^{10}$ を微分せよ．

$t=\sin x$ とおけば，$y=t^{10}$ である．
$$\frac{dy}{dt}=10t^9, \quad \frac{dt}{dx}=\cos x$$
であるから，
$$\frac{dy}{dx}=10t^9\cdot\cos x=10(\sin x)^9\cdot\cos x.$$

問題 3.1.1. 次の関数を微分せよ（独立変数が x 以外で与えられているものについては与えられた独立変数について微分せよ）．
(1) $f(x)=\sqrt{1+x^2}$ (2) $f(x)=\dfrac{x}{1+x^5}$ (3) $f(x)=\sin(-4x)$
(4) $f(t)=\cos(1+t^3)$ (5) $f(x)=e^x\cos(1-x^3)$
(6) $f(u)=2\sin(1+\sqrt[3]{u})$ (7) $f(x)=\dfrac{1}{1+\sin x}$
(8) $f(s)=\tan(3+2\sqrt{1+s^2})$ (9) $f(x)=\log(1+x^2)$
(10) $f(x)=(1+x^3)\log(1+\sqrt{x})$ (11) $f(t)=e^{\tan t}$
(12) $f(x)=\dfrac{1}{x^2}e^{\cos x}$

問題 3.1.2.
(1) $f(x)=|x|$ の，点 $x=0$ における右方微分係数と左方微分係数を求めよ．
(2) 上の $f(x)$ は $x=0$ において連続であるが，微分可能でないことを示せ．

関数 $f(x)$ が $x=a$ において微分可能であれば，$f(x)$ は $x=a$ において連続であることは定義から明らかである．

定理 3.1.2. 関数 $y=f(x)$ は点 $x=a$ の近傍で定義されていて連続であるとする．x の増分 Δx に対応する y の増分を Δy とする．ならば関数 $y=f(x)$ がこの近傍における点 x で微分可能であるための必要十分条件は，Δy が
$$\Delta y=u(x)\Delta x+s(x,\Delta x)\Delta x$$
($u(x)$ は x によって決まる値，$s(x,\Delta x)$ は x と Δx によって決まる値で，$\Delta x\to 0$ のとき $s(x,\Delta x)\to 0$) と表されることである．

証明 $y=f(x)$ が点 x で微分可能であるとする．$f(x)$ の x における微分係数を $f'(x)$ とすれば，$\Delta x\to 0$ のとき $\dfrac{\Delta y}{\Delta x}\to f'(x)$ である．したがって，

54　第3章　微分

$\dfrac{\Delta y}{\Delta x} - f'(x)$ を $s(x, \Delta x)$ とおけば，$s(x, \Delta x) \to 0$ $(\Delta x \to 0)$ で，
$$\Delta y = f'(x)\Delta x + s(x, \Delta x)\Delta x$$
と表される．

　逆に，Δy が上述のような $u(x)$ と $s(x, \Delta x)$ によって
$$\Delta y = u(x)\Delta x + s(x, \Delta x)\Delta x$$
と表されているとする．$\Delta x = h$ と考えれば，
$$\frac{f(x+h) - f(x)}{h} = \frac{\Delta y}{\Delta x} = u(x) + s(x, \Delta x).$$
$\Delta x \to 0$ のとき $s(x, \Delta x) \to 0$ であるから，
$$\lim_{h \to 0} \frac{f(x+h) - f(x)}{h} = u(x)$$
である．したがって，$f(x)$ は x において微分可能である．

　上のことから，$f(x)$ が x で微分可能であれば，定理 3.1.2 の $u(x)$ は $f(x)$ の導関数 $f'(x)$ に他ならないことがわかる．

　微小な量 h に対して，$o(h)$, $O(h)$ という記号を **Landau** の記号という．

　h の関数 $g(x)$ があるとして，$g(x)$ が $o(h)$ (small order) であるというのは，$\lim_{h \to 0} \left|\dfrac{g(h)}{h}\right| = 0$ であることを意味する．

　また，$g(x)$ が $O(h)$ (large order) であるということは，ある定数 M が存在して，h が十分小さいところでは
$$\left|\frac{g(x)}{h}\right| \leqq M$$
が成り立つことを意味する．

　$g(x)$ が $o(h)$ であるという場合は，$|g(x)|$ は $|h|$ に対して相対的に小さい．分母に対して分子が相対的に小さいから $\lim_{h \to 0} \left|\dfrac{g(h)}{h}\right| = 0$ となるのである．

　$g(x)$ が $O(h)$ であるという場合は，$|g(x)|$ は $|h|$ に対して相対的に小さいとは限らないから，$g(x)$ は h に対して無視できない大きさをもっている可能性がある．

　上の定理の式 $\Delta y = u(x)\Delta x + s(x, \Delta x)\Delta x$ において，微小な量 Δx に対して第 1 項 $u(x)\Delta x$ も第 2 項 $s(x, \Delta x)\Delta x$ もともに微小である．しかし情報理論の観点からすると，第 2 項は $o(\Delta x)$ であるから Δx に対して相対的に無視できるが，第 1 項は $O(\Delta x)$ であるから Δx に対して相対的に無視できない．

例　$f(x) = x^3$

x の増分 Δx に対する $y = f(x)$ の増分 Δy は,

$$\Delta y = (x + \Delta x)^3 - x^3$$
$$= 3x^2 \cdot \Delta x + \{3x \cdot \Delta x + (\Delta x)^2\} \cdot \Delta x$$

この $3x^2 \cdot \Delta x$ の部分が定理 3.1.2 の $u(x)\Delta x$ に相応し, $3x \cdot \Delta x + (\Delta x)^2$ の部分が $s(x, \Delta x)$ に相応する.

> 問題 3.1.3. $f(x) = \sqrt{x}$ について, x の増分 Δx に対する $y = f(x)$ の増分 Δy を上のような形に書き表してみよ.

関数 $y = f(x)$ が区間 $I = [a,b]$ において微分可能で $f'(x) > 0$ ($f'(x) < 0$) であるならば, この区間で $f(x)$ は強い意味で単調増加 (強い意味で単調減少) である (後述, §3.2). したがって, 定理 2.5.1 によりこの区間において $y = f(x)$ の逆関数 $x = f^{-1}(y)$ が存在する. これについて次の定理が成り立つ.

定理 3.1.3. 関数 $y = f(x)$ は区間 $I = [a,b]$ において微分可能で $f'(x) > 0$ ($f'(x) < 0$) であるとする. $y = f(x)$ の逆関数を $x = f^{-1}(y)$ とする. ならば, 関数 $x = f^{-1}(y)$ は (y について) 微分可能で,

$$\frac{dx}{dy} = \frac{1}{\frac{dy}{dx}}$$

である.

証明　区間 I でつねに $f'(x) > 0$ であるとする. x の増分 Δx に対する $y = f(x)$ の増分を Δy とすると, 定理 3.1.2 により

$$\Delta y = \{f'(x) + s(x, \Delta x)\}\Delta x$$

と表される. x を固定すると, $f'(x) > 0$ であるから, Δx を十分微小であるとすれば $\{\ \}$ 内は正であ

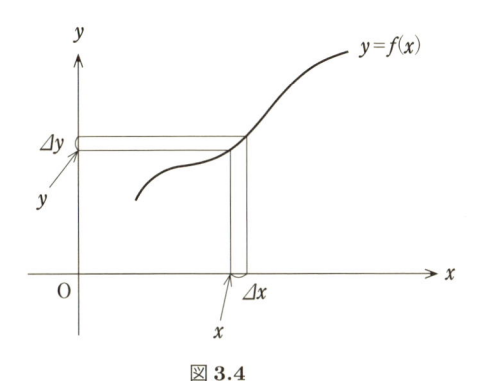

図 3.4

る．したがって，$\Delta x \neq 0$ であれば $\Delta y \neq 0$ であって，$\Delta x \to 0$ と $\Delta y \to 0$ は同値である．

$$\frac{dx}{dy} = \lim_{\Delta y \to 0} \frac{\Delta x}{\Delta y} = \lim_{\Delta x \to 0} \frac{1}{\frac{\Delta y}{\Delta x}} = \frac{1}{\frac{dy}{dx}}.$$

例 $y = e^x$ の逆関数は $x = \log y$ である．

$$\frac{dx}{dy} = \frac{1}{\frac{dy}{dx}} = \frac{1}{e^x} = \frac{1}{y}$$

より $f(x) = \log x$ の導関数は $f'(x) = \dfrac{1}{x}$ である．

上と同様にして，逆三角関数の導関数は次のようになる．

$$(\sin^{-1} x)' = \frac{1}{\sqrt{1-x^2}} \quad (-1 < x < 1)$$

$$(\cos^{-1} x)' = -\frac{1}{\sqrt{1-x^2}} \quad (-1 < x < 1)$$

$$(\tan^{-1} x)' = \frac{1}{1+x^2}$$

■ **パラメーター表示** ■ 自動車のタイヤに石ころが挟まっているとする．自動車が進むにつれて石ころはどのような曲線を描くであろうか．

x 軸上を半径 a の円が毎秒 θ_0 の角速度で転がるとする．回転が始まる時刻を $t = 0$ とする．円周上の定点が $t = 0$ では x 軸上にあるとして，この点を座標の原点とする．t 秒後のこの円周上の点の位置を $\mathrm{P}_t(x, y)$ とすると，x, y は次のように表される．

$$\begin{cases} x = a\theta_0 t - a\sin\theta_0 t \\ y = a - a\cos\theta_0 t \end{cases}$$

このように曲線を $y = f(x)$ の形ではなく別の変数（この場合は t）を介して

$$\begin{cases} x = f(t) \\ y = g(t) \end{cases}$$

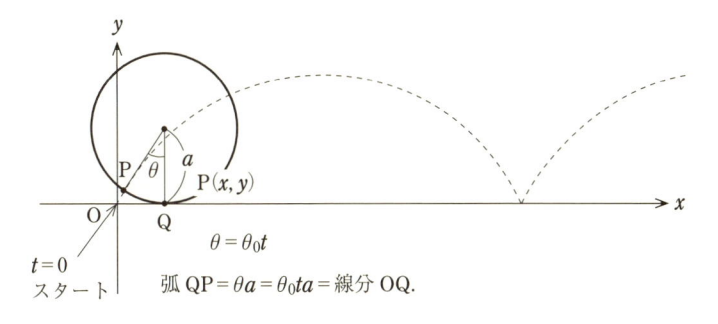

図 **3.5**

の形に書き表す表示法を媒介変数表示（パラメーター表示）という．t を媒介変数（パラメーター）という．

変数 t のある区間 I で $x = f(t)$ は微分可能で $\dfrac{dx}{dt} > 0$（または $\dfrac{dx}{dt} < 0$）であるとする．定理 2.5.1 により，この区間で $f(x)$ の逆関数が存在して，$t = f^{-1}(x)$ と表され，y は x の関数 $y = g(f^{-1}(x))$ となる．合成関数の微分（p.52）と定理 3.1.3 により，導関数 $\dfrac{dy}{dx}$ は

$$\frac{dy}{dx} = \frac{dt}{dx} \cdot \frac{dy}{dt} = \frac{\frac{dy}{dt}}{\frac{dx}{dt}}$$

である．

上の例の場合は，

$$\frac{dx}{dt} = a\theta_0(1 - \cos\theta_0 t), \quad \frac{dy}{dt} = a\theta_0 \sin\theta_0 t,$$

$$\frac{dy}{dx} = \frac{a\theta_0 \sin\theta_0 t}{a\theta_0(1 - \cos\theta_0 t)} = \frac{\sin\theta_0 t}{1 - \cos\theta_0 t}$$

となる．

> **問題 3.1.4.**
> (1) パラメータ表示 $\begin{cases} x = a\cos t \\ y = b\sin t \end{cases}$ （a, b は正の定数）で与えられる曲線の概形を描け．
> (2) (1) において $\dfrac{dy}{dx}$ を求めよ．

§3.2 平均値の定理

定理 3.2.1.（Rolle の定理） 関数 $f(x)$ は閉区間 $[a,b]$ で連続，開区間 (a,b) で微分可能で，$f(a) = f(b)$ であるとする．ならば，$f'(x_0) = 0$ となる x_0 が $a < x_0 < b$ の範囲に存在する．

証明 最大・最小の原理（定理 2.4.6）により，閉区間 $[a,b]$ において，$f(x)$ は点 x_0 で最大値をとる．

(1) $a < x_0 < b$ の場合．

十分微小な数 h については $x_0 + h$ は $f(x)$ の定義域内にあり，つねに $f(x_0 + h) \leqq f(x_0)$ である．h が正ならば
$$\frac{f(x_0 + h) - f(x_0)}{h} \leqq 0$$
であるから，$h \to +0$ とすれば，右微分係数 $f'_+(x_0) \leqq 0$ となる．もし h が負ならば
$$\frac{f(x_0 + h) - f(x_0)}{h} \geqq 0$$
であるから，$h \to -0$ とすれば，左微分係数 $f'_-(x_0) \leqq 0$ となる．仮定により，$f'_+(x_0) = f'_-(x_0) = f'(x_0)$ であるから，$f'(x_0) = 0$ である．

(2) $x_0 = a$ または $x_0 = b$ の場合．

$f(a) = f(b)$ が最大値である．もし $f(x)$ が区間 $[a,b]$ において定数であれば，$f'(x)$ は恒等的に 0 であるから定理の主張は自明である．$f(x)$ が区間 $[a,b]$ において定数でない場合は，$f(x_1)$ が $f(x)$ の区間 $[a,b]$ における最小値となる点 x_1 が $a < x_1 < b$ の範囲に存在する．上と同様にして，$f'(x_1) = 0$ となるから，この場合も定理の主張は成り立つ．

定理 3.2.2.（平均値の定理） 関数 $f(x)$ は閉区間 $[a,b]$ で連続，開区間 (a,b) で微分可能であるとする．ならば，$f'(x_0) = \dfrac{f(b) - f(a)}{b - a}$ となる x_0 が $a < x_0 < b$ の範囲に存在する．

証明
$$g(x) = \frac{f(b) - f(a)}{b - a}(x - a) + f(a) - f(x)$$
に定理 3.2.1 を適用すれば，結論を得る．

平均値の定理から次のことがわかる．

I. 関数 $f(x)$ が a のある近傍で微分可能ならば，この近傍において，$f(x)$ は
$$f(x) = f(a) + f'(a + \theta(x-a))(x-a) \quad (\theta は 0 < \theta < 1 の間にある数)$$
と表される．
（証明．区間 $[a, x]$ または $[x, a]$ に平均値の定理を適用して，$\theta = \dfrac{x_0 - a}{x - a}$ とする）

II. 関数 $f(x)$ が a のある近傍で微分可能で恒等的に $f'(x) = 0$ ならば，この近傍において恒等的に $f(x) = C$（定数）である．
（証明．I で $f'(a + \theta(x-a)) = 0$）

III. 関数 $f(x)$ が a のある近傍で微分可能で $f'(x) > 0$ $(f'(x) < 0)$ ならば，この近傍において $f(x)$ は強い意味で単調増加（単調減少）である．
（証明．$f'(x) > 0$ の場合．この近傍における任意の 2 点を $x_1 < x_2$ とすると，平均値の定理により $f'(x_0) = \dfrac{f(x_2) - f(x_1)}{x_2 - x_1}$ となる x_0 が $x_1 < x_0 < x_2$ の範囲に存在する．仮定により $f'(x_0) > 0$ であるから，$f(x_2) - f(x_1) > 0$ である．）

問題 3.2.1. 次の関数 $f(x)$ を
$$f(x) = f(a) + f'(a + \theta(x-a))(x-a) \quad (0 < \theta < 1)$$
の形に書き表せ．
(1) $f(x) = x^3$ (2) $f(x) = \sqrt{x}$ $(x > 0)$ (3) $f(x) = \log x$ $(x > 0)$

関数 $y = f(x)$ は点 $x = a$ の近傍において定義されているものとする．

a の近傍の任意の点 x について $f(a) \geqq f(x)$ となるとき，$f(a)$ は極大値である，あるいは関数 $f(x)$ は $x = a$ において極大値 $f(a)$ をとるという．a の近傍の任意の点 x について $f(a) \leqq f(x)$ となるとき，$f(a)$

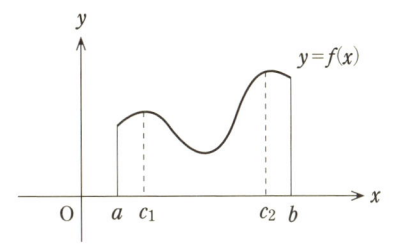

$f(c_1)$，$f(c_2)$ は極大値
$f(c_2)$ は最大値

図 **3.6**

は極小値である，あるいは関数 $f(x)$ は $x = a$ において極小値 $f(a)$ をとるという．

区間 I において定義された関数が $x = a$ において最大値をとるとする．a が区間 I の端点でなければ，$f(a)$ は極大値である．しかし，$f(x)$ の極大値は必ずしも $f(x)$ の最大値ではない．

区間 I において定義された関数 $f(x)$ が $x = a$ において最大値をとるとすれば，a は区間 I の端点であるか，または $f(a)$ は $f(x)$ の極大値である．最小値と極小値についても同様である．

関数 $f(x)$ は微分可能で，$x = a$ において極大値 $f(a)$ をとるとする．このとき，$x = a$ の十分小さい近傍に限れば，$f(a)$ は $f(x)$ の最大値である．したがって，Rolle の定理（定理 3.2.1）の証明から，$f'(a) = 0$ であることがわかる．

例　$f(x) = 2x^3 - 3x^2 + 1$
　　$f'(x) = 6x^2 - 6x = 6x(x-1)$

この関数の増減は下表のようになる．このような表を関数の増減表という．

x		0		1	
$f'(x)$	$+$	0	$-$	0	$+$
$f(x)$	↗	1	↘	0	↗

これより関数 $y = f(x)$ のグラフの概形は図 3.7 のようになる．

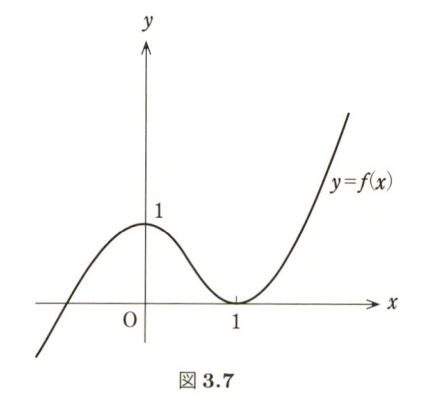

図 3.7

区間 $x < 0,\ x > 1$ において $f'(x) > 0$ であるから関数 $f(x)$ は単調増加，区間 $0 < x < 1$ においては $f'(x) < 0$ であるから関数 $f(x)$ は単調減少．$f(0) = 1$ は極大値，$f(1) = 0$ は極小値である．最大値，最小値は存在しない．

問題 3.2.2.　次の関数の増減表を作成し，極大値，極小値，最大値，最小値があれば求めよ．

(1) $f(x) = 3x^4 - 28x^3 + 84x^2 - 96x + 1$　　(2) $f(x) = \dfrac{x^2 + x + 1}{x^2 + 1}$

(3) $f(x) = \dfrac{\log x}{x}\ (x > 0)$

■ **高次導関数** ■ 区間 I で定義されている関数がこの区間で微分可能であるとして，その導関数 $f'(x)$ がまた微分可能であるとき，$f'(x)$ の導関数を $f''(x)$ または $f^{(2)}(x)$ で表し，$f(x)$ の **2 次 (2 階) 導関数**という．

もし $f''(x)$ がまた微分可能であれば，$f''(x)$ の導関数を $f'''(x)$ または $f^{(3)}(x)$ で表し，$f(x)$ の **3 次 (3 階) 導関数**という．

以下同様にして一般に **n 次 (n 階) 導関数**が定義される．$y = f(x)$ の n 次導関数は

$$f^{(n)}(x),\ y^{(n)},\ \frac{d^n}{dx^n}f(x),\ \frac{d^n y}{dx^n}$$

などと表される．

関数 $f(x)$ の n 次導関数が存在するとき，$f(x)$ は **n 回微分可能**であるという．$f(x)$ が n 回微分可能で，$f^{(n)}(x)$ が連続であるとき，$f(x)$ は **n 回連続的微分可能**であるという．n 回連続的微分可能な関数を **C^n 級**の関数という．関数 $f(x)$ が**無限回微分可能**であるとは，何回でも微分可能であることをいう．

次の定理は平均値の定理 (定理 3.2.2) の一般化である．

定理 3.2.3. (Taylor の定理) 関数 $f(x)$ は閉区間 $[a, b]$ で連続，開区間 (a, b) で n 回微分可能であるとする．ならば次をみたす x_0 が $a < x_0 < b$ の範囲に存在する．

$$f(b) = f(a) + f'(a)(b-a) + \frac{1}{2!}f''(a)(b-a)^2 + \cdots$$
$$+ \frac{1}{(n-1)!}f^{(n-1)}(a)(b-a)^{n-1} + \frac{1}{n!}f^{(n)}(x_0)(b-a)^n$$

■ **証明** 定数 A を

$$A = \frac{1}{(b-a)^n}[f(b) - \{f(a) + f'(a)(b-a) + \frac{1}{2!}f''(a)(b-a)^2$$
$$+ \cdots + \frac{1}{(n-1)!}f^{(n-1)}(a)(b-a)^{n-1}\}]$$

とおき，関数 $g(x)$ を

$$g(x) = f(b) - \{f(x) + f'(x)(b-x) + \frac{1}{2!}f''(x)(b-x)^2$$
$$+ \cdots + \frac{1}{(n-1)!}f^{(n-1)}(x)(b-x)^{n-1} + A(b-x)^n\}$$

と定める．

この関数 $g(x)$ は $[a,b]$ で連続，(a,b) で微分可能で $g(a) = g(b) = 0$ であるから，これに Rolle の定理（定理 3.2.1）を適用すれば，$a < x_0 < b$ の範囲で $g'(x_0) = 0$ をみたす x_0 が存在することがわかる．$g(x)$ の導関数は

$$g'(x) = -\frac{1}{(n-1)!}f^{(n)}(x)(b-x)^{n-1} + An(b-x)^{n-1}$$

であるので，$g'(x_0) = 0$ より

$$\frac{1}{(n-1)!}f^{(n)}(x_0)(b-x_0)^{n-1} = An(b-x_0)^{n-1}$$

となる．したがって，

$$A = \frac{1}{n} \cdot \frac{1}{(n-1)!}f^{(n)}(x_0) = \frac{1}{n!}f^{(n)}(x_0)$$

となる．これを $g(x)$ の式の A に代入して $x = a$ とすれば定理の式を得る．

定理 3.2.3 で $n = 1$ の場合が平均値の定理である．

最後の項 $R_n = \dfrac{1}{n!}f^{(n)}(x_0)(b-a)^n$ を **Lagrange 剰余**という．$\theta = \dfrac{x_0 - a}{b - a}$ とおけば，Lagrange 剰余は

$$R_n = \frac{1}{n!}f^{(n)}(a + \theta(b-a))(b-a)^n \quad (0 < \theta < 1)$$

とも表される．

関数 $f(x)$ が $x = a$ の近傍において n 回微分可能であれば，この近傍で $f(x)$ は

$$\begin{aligned} f(x) = &f(a) + f'(a)(x-a) + \frac{1}{2!}f''(a)(x-a)^2 + \cdots \\ &+ \frac{1}{(n-1)!}f^{(n-1)}(a)(x-a)^{n-1} + \frac{1}{n!}f^{(n)}(a+\theta(x-a))(x-a)^n \end{aligned}$$
$$(0 < \theta < 1)$$

と表される．これを関数 $f(x)$ の $x = a$ における **Taylor 展開**という．

$x = 0$ における Taylor 展開

$$\begin{aligned} f(x) = &f(0) + f'(0)x + \frac{1}{2!}f''(0)x^2 + \cdots + \frac{1}{(n-1)!}f^{(n-1)}(0)x^{n-1} \\ &+ \frac{1}{n!}f^{(n)}(\theta x)x^n \quad (0 < \theta < 1) \end{aligned}$$

のことを **Maclaurin 展開**という．

3.2 平均値の定理

例 $f(x) = \sin x$ は無限回微分可能である．
$f'(x) = \cos x,\ f^{(2)}(x) = -\sin x,\ f^{(3)}(x) = -\cos x,\ f^{(4)}(x) = \sin x$
であるから，定理 3.2.3 により Maclaurin 展開 $(n=4)$
$$\sin x = x - \frac{1}{3!}x^3 + \frac{1}{4!}\sin(\theta x)x^4 \quad (0 < \theta < 1)$$
を得る．

問題 3.2.3. 次の関数を与えられた点において Taylor 展開せよ ($n=5$ とする).
(1) $f(x) = \cos x\ (x=0)$ (2) $f(x) = \log(1+x)\ (x=0)$
(3) $f(x) = \log x\ (x=e)$ (4) $f(x) = e^x\ (x=0)$
(5) $f(x) = e^x\ (x=1)$ (6) $f(x) = e^{x^2}\ (x=0)$

区間 I で関数 $f(x)$ が 2 回微分可能で 2 次導関数 $f''(x)$ がつねに $f''(x) \geqq 0$ であるとき，$f(x)$ はこの区間で下に凸であるという．区間 I でつねに $f''(x) \leqq 0$ であるときは，$f(x)$ はこの区間で上に凸であるという．

上に凸であるとは，この区間内の $x_1 < x_2$ である x_1, x_2 に対していつも関数 $f(x)$ のグラフは $(x_1, f(x_1))$ と $(x_2, f(x_1))$ を結ぶ直線より上にある（直線上を含めて）ことである（図 3.8）．

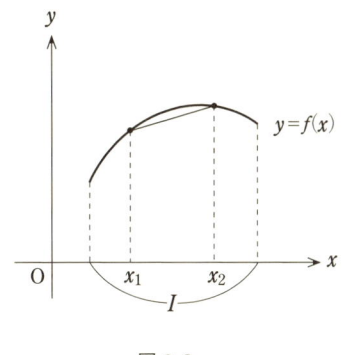

図 3.8

実際，この区間内の任意の 2 点 $a,\ b$ について（どちらが左でも），Taylor の定理より ($n=2$ として)
$$f(a) = f(b) + f'(b)(a-b) + \frac{1}{2!}f''(t)(a-b)^2$$
となる t (t は a と b の間) が存在する．仮定より $\frac{1}{2!}f''(t)(a-b)^2 \leqq 0$ であるから，
$$f(a) \leqq f(b) + f'(b)(a-b)$$
となる．したがって，$x_1 < t < x_2$ である $x_1,\ t,\ x_2$ に対して
$$f(x_1) \leqq f(t) + f'(t)(x_1 - t),$$
$$f(x_2) \leqq f(t) + f'(t)(x_2 - t)$$

となる．上の式に $\dfrac{x_2-t}{x_2-x_1}$ を掛け，下の式に $\dfrac{t-x_1}{x_2-x_1}$ を掛けて加えることにより，

$$\frac{x_2-t}{x_2-x_1}f(x_1)+\frac{t-x_1}{x_2-x_1}f(x_2) \leqq f(t)$$

を得る．これは $f(x)$ のグラフが $(x_1,f(x_1))$ と $(x_2,f(x_1))$ を結ぶ直線より上にある（直線上を含めて）ことを意味している．

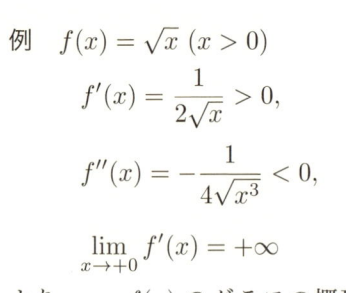

例 $f(x)=\sqrt{x}\ (x>0)$

$$f'(x)=\frac{1}{2\sqrt{x}}>0,$$

$$f''(x)=-\frac{1}{4\sqrt{x^3}}<0,$$

$$\lim_{x\to +0}f'(x)=+\infty$$

より $y=f(x)$ のグラフの概形は図 3.9 のようになる．

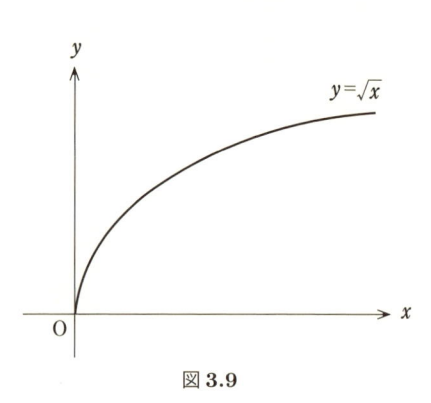

図 3.9

問題 3.2.4. 次の関数について，$y=f(x)$ のグラフの概形を描け．
(1) $f(x)=\sqrt[3]{x}$ 　(2) $f(x)=\log x\ (x>0)$ 　(3) $f(x)=3x^4-4x^3+1$

■ **定数 e の近似値** ■ §2.5 において，定数 $e=\displaystyle\lim_{x\to\infty}\left(1+\frac{1}{x}\right)^x$ の存在を示した．そこでは e は 2 と 3 の間にあるということしかわからなかったが，Taylor 展開を使えば精密な値を求めることができる．

$f(x)=e^x$ の Maclaurin 展開において $x=1$, $n=8$ とすると，

$$e=1+\frac{1}{1!}+\frac{1}{2!}+\frac{1}{3!}+\frac{1}{4!}+\frac{1}{5!}+\frac{1}{6!}+\frac{1}{7!}+R_8,$$

$$R_8=\frac{e^\theta}{8!}\quad (0<\theta<1)$$

となる．R_8 より前の項の和は 2.718254 となる．誤差 R_8 の値はわからないが，$(0<\theta<1)$ であるから，

$$|R_8|<\frac{e}{8!}<\frac{3}{8!}=0.000074$$

である．したがって，e の値は

$$2.718254 - 0.000074 < e < 2.718254 + 0.000074$$

の範囲内にある（実際には $R_8 > 0$ であるから $2.718254 < e < 2.718254 + 0.000074$ である）．

上のように誤差の範囲を示す式を誤差の評価という．

> **問題 3.2.5.**
> (1) 問題 3.2.3 (2) の結果を用いて $\log(1.1)$ の近似値を求め，誤差を評価せよ．
> (2) 関数 $\sin x$ を Maclaurin 展開せよ（$n = 7$ として）．
> (3) (2) の結果を用いて $\sin\dfrac{1}{10}$ の近似値を求め，誤差を評価せよ．

円周率 $\pi = 3.1415926535897932384626433832 79\cdots$ の値を覚えるのに「産医師異国に向こう，産後厄なく，産婦人社に，虫さんざん闇に泣く」という語呂合わせはよく知られている．こういうものは英語にもあって，

「How I want a drink, alcoholic of course, after the heavy lectures involving quantum mechanics!」

というのはよく知られている（各桁の数が単語の字数で表されている）．

$\tan\dfrac{\pi}{4} = 1$ より $\pi = 4 \cdot \tan^{-1} 1$ であるから，原理的には関数 $\tan^{-1} x$ の Maclaurin 展開

$$\tan^{-1} x = x - \frac{1}{3}x^3 + \frac{1}{5}x^5 - \cdots + (-1)^{n-1}\frac{1}{2n-1}x^{2n-1} + R_n(x),$$

$$R_n(x) = (-1)^n \int_0^x \frac{t^{2n}}{1+t^2} dt$$

（Lagrange 剰余はこの場合このように表されることが知られている）

に $x = 1$ を代入することによって π の近似値を求めることができる．しかし実際には上の式は $x = 1$ に対しては収束が遅いので，

$$\frac{\pi}{4} = 4 \cdot \tan^{-1}\frac{1}{5} - \tan^{-1}\frac{1}{239}$$

という式を使って，$\tan^{-1}\dfrac{1}{5}$, $\tan^{-1}\dfrac{1}{239}$ の値から π を求める．

§3.3　de l'Hospital の定理

定理 3.3.1.（Cauchy の平均値の定理） 関数 $f(x)$, $g(x)$ は閉区間 $[a,b]$ で連続，開区間 (a,b) で微分可能であるとする．さらに，区間 (a,b) 内のどの点 x においても $g'(x) = 0$ となることはないものとする．ならば $\dfrac{f'(x_0)}{g'(x_0)} = \dfrac{f(b) - f(a)}{g(b) - g(a)}$ となる x_0 が $a < x_0 < b$ の範囲に存在する．

証明　仮に $g(a) = g(b)$ であるとすると，平均値の定理により $g'(x) = 0$ となる x が区間 (a,b) 内に存在する．これは仮定に反するので，$g(a) \neq g(b)$ である．

$$A = \frac{f(b) - f(a)}{g(b) - g(a)}, \quad h(x) = f(x) - f(a) - A\{g(x) - g(a)\}$$

とおくと，$h(a) = h(b) = 0$ であるから，Rolle の定理（定理 3.2.1）により $h'(x_0) = 0$ となる x_0 が $a < x_0 < b$ の範囲で存在する．

$h'(x_0) = f'(x_0) - Ag'(x_0)$ より $A = \dfrac{f'(x_0)}{g'(x_0)}$ となり，定理の主張を得る．

次の定理は極限値を求めるのによく使われる．

定理 3.3.2.（de l'Hospital の定理） 関数 $f(x)$, $g(x)$ は a のある近傍で連続で，この近傍の a 以外の点で微分可能であるとする（点 a では微分可能であってもなくてもよい）．またこの近傍の a 以外の点では $g'(x) = 0$ となることはなく，$f(a) = g(a) = 0$ であるとする．このときもし極限値 $\lim_{x \to a} \dfrac{f'(x)}{g'(x)}$ が存在するならば，極限値 $\lim_{x \to a} \dfrac{f(x)}{g(x)}$ が存在して，

$$\lim_{x \to a} \frac{f(x)}{g(x)} = \lim_{x \to a} \frac{f'(x)}{g'(x)}$$

である．

証明　$a < x$ とする．定理 3.3.1 により，

$$\frac{f(x)}{g(x)} = \frac{f'(x_0)}{g'(x_0)}$$

となる x_0 が $a < x_0 < x$ の範囲で存在する．$x \to a$ のとき $x_0 \to a$ である

から，
$$\lim_{x\to a}\frac{f(x)}{g(x)} = \lim_{x\to a}\frac{f'(x)}{g'(x)}$$
となる．$x < a$ の場合も同様である．

例　極限 $\displaystyle\lim_{x\to 0}\frac{e^x-1}{x}$．

$f(x) = e^x - 1$ と $g(x) = x$ が 0 の近傍で定理 3.3.2 の仮定をみたしていることを確認する．

$f'(x) = e^x$, $g'(x) = 1$ であるから $x \to a$ のとき $\dfrac{f'(x)}{g'(x)} \to 1$, したがって，$\displaystyle\lim_{x\to 0}\frac{e^x-1}{x} = 1$ となる．

de l'Hospital の定理には次のようなヴァリエーションがある．

■ 片側極限の場合 ■

I. $f(x)$, $g(x)$ は開区間 $(a, a+d)$ において連続かつ微分可能とする．またこの区間で $g'(x) = 0$ となることはなく，$f(a) = g(a) = 0$ とする．このときもしも右極限値 $\displaystyle\lim_{x\to a+0}\frac{f'(x)}{g'(x)}$ が存在するならば，右極限値 $\displaystyle\lim_{x\to a+0}\frac{f(x)}{g(x)}$ が存在して，$\displaystyle\lim_{x\to a+0}\frac{f(x)}{g(x)} = \lim_{x\to a+0}\frac{f'(x)}{g'(x)}$ である．

左極限の場合も同様である．

■ 非有界な極限の場合 ■

II. 関数 $f(x)$, $g(x)$ は a のある近傍で連続で，この近傍の a 以外の点で微分可能であるとする（点 a では微分可能であってもなくてもよい）．またこの近傍の a 以外の点では $g'(x) = 0$ となることはなく，
$$f(x) \to \pm\infty \ (x \to a),\ g(x) \to \pm\infty \ (x \to a)$$
であるとする．このときもし極限値 $\displaystyle\lim_{x\to a}\frac{f'(x)}{g'(x)}$ が存在するならば，極限値 $\displaystyle\lim_{x\to a}\frac{f(x)}{g(x)}$ が存在して，$\displaystyle\lim_{x\to a}\frac{f(x)}{g(x)} = \lim_{x\to a}\frac{f'(x)}{g'(x)}$ である．

III.　$f(x)$, $g(x)$ は区間 $(M, +\infty)$（M はある正の数）において連続か

つ微分可能とする．またこの区間において $g'(x) = 0$ となることはなくて，$\lim_{x \to +\infty} f(x) = \lim_{x \to +\infty} g(x) = 0$ であるとする．このときもしも極限値 $\lim_{x \to +\infty} \dfrac{f'(x)}{g'(x)}$ が存在するならば，極限値 $\lim_{x \to +\infty} \dfrac{f(x)}{g(x)}$ が存在して，$\lim_{x \to +\infty} \dfrac{f(x)}{g(x)} = \lim_{x \to +\infty} \dfrac{f'(x)}{g'(x)}$ である．
$\lim_{x \to -\infty}$ の場合も同様である．

IV. $f(x)$, $g(x)$ は $+\infty$ のある近傍において連続かつ微分可能とする．またこの $+\infty$ の近傍において $g'(x) = 0$ となることはなくて，

$$f(x) \to \pm\infty \ (x \to +\infty), \ g(x) \to \pm\infty \ (x \to +\infty)$$

であるとする．このときもしも極限値 $\lim_{x \to +\infty} \dfrac{f'(x)}{g'(x)}$ が存在するならば，極限値 $\lim_{x \to +\infty} \dfrac{f(x)}{g(x)}$ が存在して，$\lim_{x \to +\infty} \dfrac{f(x)}{g(x)} = \lim_{x \to +\infty} \dfrac{f'(x)}{g'(x)}$ である．
$\lim_{x \to -\infty}$ の場合も同様である．

> **問題 3.3.1.** 次の極限値を求めよ．
> (1) $\lim_{x \to 0} \dfrac{e^x - \cos x}{x}$ (2) $\lim_{x \to 0} \dfrac{1 - \cos x}{x^2}$ (3) $\lim_{x \to 0} \dfrac{x}{\sin x + x}$
> (4) $\lim_{x \to \frac{\pi}{2}} \dfrac{x \sin x - \frac{\pi}{2}}{\cos x}$ (5) $\lim_{x \to +\infty} \dfrac{\sqrt{1 + x^2}}{x}$ (6) $\lim_{x \to +\infty} x \sin \dfrac{1}{x}$
> (7) $\lim_{x \to 0} \dfrac{x - \log(1 + x)}{x^2}$

▲▽▲▽▲▽▲▽▲▽▲　章末問題 3　▲▽▲▽▲▽▲▽▲▽▲

1. (1) **Leibniz の公式**

$$\{f(x)g(x)\}^{(n)} = \sum_{i=0}^{n} \binom{n}{i} f^{(i)}(x) g^{(n-i)}(x)$$

$\left(\dbinom{n}{i} = \dfrac{n!}{i!(n-i)!},\ \text{これを}\ {}_nC_i\ \text{とも表す} \right)$ を証明せよ．

(2) (1) を用いて $(x \sin x)^{(5)}$, $(\sqrt{x} e^x)^{(7)}$ を求めよ．

2. 次の Taylor 展開式が成り立つことを示せ.

(1) $e^x = 1 + \dfrac{x}{1!} + \dfrac{x^2}{2!} + \cdots + \dfrac{x^{n-1}}{(n-1)!} + R_n,$

$R_n = \dfrac{e^{\theta x} x^n}{n!} \quad (0 < \theta < 1)$

(2) $\sin x = x - \dfrac{x^3}{3!} + \dfrac{x^5}{5!} - \cdots + (-1)^{n-1} \dfrac{x^{2n-1}}{(2n-1)!} + R_{2n+1},$

$R_{2n+1} = (-1)^n \dfrac{\cos \theta x}{(2n+1)!} x^{2n+1} \quad (0 < \theta < 1)$

(3) $\cos x = 1 - \dfrac{x^2}{2!} + \dfrac{x^4}{4!} - \cdots + (-1)^n \dfrac{x^{2n}}{(2n)!} + R_{2n+2},$

$R_{2n+2} = (-1)^{n+1} \dfrac{\cos \theta x}{(2n+2)!} x^{2n+2} \quad (0 < \theta < 1)$

(4) α を自然数でない実数とすると,

$(1+x)^\alpha = 1 + \binom{\alpha}{1} x + \binom{\alpha}{2} x^2 + \cdots + \binom{\alpha}{n-1} x^{n-1} + R_n,$

$R_n = \binom{\alpha}{n} (1+\theta x)^{\alpha - n} x^n \quad (0 < \theta < 1)$

($\binom{\alpha}{n}$ は $\dfrac{\alpha(\alpha-1)(\alpha-2)\cdots(\alpha-(n-1))}{n!}$ を表す)

(5) $\log(1+x) = x - \dfrac{x^2}{2} + \dfrac{x^3}{3} - \cdots + (-1)^n \dfrac{x^{n-1}}{n-1} + R_n,$

$R_n = (-1)^{n+1} \dfrac{x^n}{n(1+\theta x)^n} \quad (0 < \theta < 1)$

3. α を正の定数とするとき,

(1) $\displaystyle\lim_{x \to +\infty} \dfrac{x^\alpha}{e^x} = 0$ であることを証明せよ.

(2) $\displaystyle\lim_{x \to +\infty} \dfrac{\log x}{x^\alpha} = 0$ であることを証明せよ.

4. 定理 3.2.3 において,もし $f^{(n)}(x)$ が区間 $[a, b]$ で連続であれば,Lagrange 剰余 $R_n = \dfrac{1}{n!} f^{(n)}(x_0)(b-a)^n$ は $\dfrac{1}{(n-1)!} \displaystyle\int_a^b (b-t)^{n-1} f^{(n)}(t) dt$ と表されることを証明せよ.

4 ● 積　分

積分には不定積分と定積分とがある．互いに関係はあるが，不定積分は微分の逆演算である．定積分は面積であるから，一応は別の概念であると思っておく方がよい．

§4.1　不定積分

ある区間で定義された関数 $F(x)$ があるとする．$F(x)$ の導関数が $f(x)$ であるとき，$F(x)$ を $f(x)$ の不定積分あるいは原始関数という．

$F(x)$ が $f(x)$ の原始関数であるとする．C を定数とすれば，関数 $F(x) + C$ の導関数も $f(x)$ である．またもし $f(x)$ のもう 1 つの原始関数 $G(x)$ があったとすると，$F'(x) = G'(x) = f(x)$ であるから，

$$(G(x) - F(x))' = f(x) - f(x) = 0$$

となる．平均値の定理（定理 3.2.1）の後に述べた II から，$G(x) - F(x) = C$ (定数) であり，

$$G(x) = F(x) + C$$

となる．

以上より，$F(x)$ の導関数が $f(x)$ であるとき，$f(x)$ の不定積分は

$$\int f(x)dx = F(x) + C$$

と書き表される．ここで C は積分定数とよばれる任意の定数である．

前章の導関数の公式により，主な関数の不定積分は次のようになる．

$$\int x^\alpha \, dx = \frac{1}{\alpha + 1} x^{\alpha+1} + C \ (\alpha \neq -1)$$

$$\int \frac{1}{x} \, dx = \log |x| + C$$

$$\int e^x \, dx = e^x + C$$

$$\int \sin x \, dx = -\cos x + C$$

$$\int \cos x \, dx = \sin x + C$$

$$\int \sec^2 x \, dx = \tan x + C \qquad \left(\sec^2 x = \frac{1}{\cos^2 x} \right)$$

$$\int \mathrm{cosec}^2 x \, dx = -\cot x + C \qquad \left(\mathrm{cosec}^2 x = \frac{1}{\sin^2 x} \right)$$

$$\int \frac{1}{\sqrt{1-x^2}} \, dx = \sin^{-1} x + C$$

$$\int \frac{1}{1+x^2} \, dx = \tan^{-1} x + C$$

微分の場合と同様に，

$$\int \{f(x) \pm g(x)\} \, dx = \int f(x) \, dx \pm \int g(x) \, dx \qquad \text{（複号同順）}$$

$$\int \{a f(x)\} \, dx = a \int f(x) \, dx \qquad \text{（a は定数）}$$

が成り立つ．

$\int \frac{1}{1+x^2} \, dx$ のような場合，これを $\int \frac{dx}{1+x^2}$ と書き表してもよい．

実際に不定積分を計算するには，次に述べる置換積分法と部分積分法がよく使われる．

■ 置換積分法 ■ 不定積分 $\int f(x) \, dx$ において，x が別の変数 t の関数として $x = \varphi(t)$ と表されているとする．§3.1 で述べた合成関数の微分を使えば，$F(x) = \int f(x) \, dx$ を t の関数として微分すると，

$$\frac{d}{dt}F(x) = \frac{dx}{dt} \cdot \frac{d}{dx}F(x) = \varphi'(t)f(x) = \varphi'(t)f(\varphi(t))$$

となる．t の関数とみれば $F(x)$ の（t に関する）導関数が $\varphi'(t)f(\varphi(t))$ なのであるから，

$$F(x) = \int \varphi'(t)\, f(\varphi(t))\, dt$$

となる．

例 1　$\displaystyle\int (2x+1)^{10} dx$

$2x+1 = t$ とおく．これを x で微分すると $\dfrac{dt}{dx} = 2$ となる．したがって，$\dfrac{dx}{dt} = \dfrac{1}{2}$ であり（定理 3.1.3 参照），与式は

$$\int t^{10} \cdot \frac{1}{2}\, dt = \frac{1}{2}\int t^{10}\, dt$$
$$= \frac{1}{2} \cdot \frac{1}{11}t^{11} + C = \frac{1}{22}(2x+1)^{11} + C$$

となる．

不定積分は微分の逆操作であるから，このような場合，右辺の $\dfrac{1}{22}(2x+1)^{11}$ を微分すると $(2x+1)^{10}$ になることを確認するとよい．

例 2　$\displaystyle\int \frac{1}{\sqrt{x^2+a}}\,dx$　（a は定数）

やや技巧的であるが，$\sqrt{x^2+a} = t-x$ とおく．
$t = \sqrt{x^2+a}+x$ より $\dfrac{dt}{dx} = \dfrac{x}{\sqrt{x^2+a}}+1 = \dfrac{t}{t-x}$，したがって，与式は，

$$\int \frac{1}{t-x} \cdot \frac{t-x}{t}\, dt = \int \frac{1}{t}\, dt = \log|t| + C$$
$$= \log|x + \sqrt{x^2+a}| + C$$

となる．

4.1 不定積分

問題 4.1.1. 次の不定積分を求めよ.

(1) $\displaystyle\int \frac{1}{8x-1}\,dx$ (2) $\displaystyle\int (3p-2)^{15}\,dp$ (3) $\displaystyle\int 5^s\,ds$

(4) $\displaystyle\int \sin(3x)\,dx$ (5) $\displaystyle\int \sec^2(-5x+2)\,dx$ (6) $\displaystyle\int (7t+2)^\alpha\,dt$

(7) $\displaystyle\int \frac{1}{\sqrt{u^2+1}}\,du$ (8) $\displaystyle\int \frac{1}{\sqrt{3x^2+1}}\,dx$ (9) $\displaystyle\int \frac{1}{\sqrt{2-x^2}}\,dx$

(10) $\displaystyle\int \frac{1}{v^2+5}\,dv$ (11) $\displaystyle\int \tan(5x)\,dx$ (12) $\displaystyle\int (\cot u - \sqrt{u})\,du$

■ **部分積分法** ■ $f(x)$, $g(x)$ がそれぞれ微分可能であれば，関数の積の微分公式 (§3.1 定理 3.1.1(3)) により，

$$\{f(x)g(x)\}' = f'(x)g(x) + f(x)g'(x)$$

であるから，不定積分の定義により，

$$\int \{f'(x)g(x) + f(x)g'(x)\}\,dx = f(x)g(x)$$

となる．これより

(*) $\displaystyle\int f'(x)g(x)\,dx = f(x)g(x) - \int f(x)g'(x)\,dx$

となる．

例 1 $\displaystyle\int \log x\,dx \quad (x>0)$

これを

$$\int 1 \cdot \log x\,dx$$

とみて，上の公式 (*) で $f'(x)$ に相当するものが 1, $g(x)$ に相当するものが $\log x$ であると思えば，$f(x)g(x) - \displaystyle\int f(x)g'(x)\,dx$ は，

$$x \log x - \int x \cdot \frac{1}{x}\,dx = x\log x - \int 1\,dx = x\log x - x + C$$

となる．

例 2 $\displaystyle I_n = \int \frac{dx}{(x^2+a^2)^n}$ （a は正の定数）

$n=1$ については，置換積分により，$I_1 = \dfrac{1}{a}\tan^{-1}\dfrac{x}{a}$ （積分定数を省く）であることがわかる．

一般の n については，
$$I_{n-1} = \int \frac{dx}{(x^2+a^2)^{n-1}} = \int 1 \cdot \frac{1}{(x^2+a^2)^{n-1}} dx$$

部分積分の公式 (*) で $f'(x)$ に相当するものが 1, $g(x)$ に相当するものが $\dfrac{1}{(x^2+a^2)^{n-1}}$ であるとみれば，

$$I_{n-1} = x \cdot \frac{1}{(x^2+a^2)^{n-1}} - \int x \cdot (1-n)(x^2+a^2)^{-n} \cdot 2x\,dx$$
$$= \frac{x}{(x^2+a^2)^{n-1}} + 2(n-1)\int \frac{x^2}{(x^2+a^2)^n} dx$$

上の $\int \dfrac{x^2}{(x^2+a^2)^n} dx$ において分子の x^2 を $(x^2+a^2) - a^2$ とみれば，

$$I_{n-1} = \frac{x}{(x^2+a^2)^{n-1}} + 2(n-1)\left\{\int \frac{dx}{(x^2+a^2)^{n-1}} - a^2 \int \frac{dx}{(x^2+a^2)^n}\right\}$$
$$= \frac{x}{(x^2+a^2)^{n-1}} + 2(n-1)\{I_{n-1} - a^2 I_n\}$$

となる．これより漸化式
$$I_n = \frac{1}{2(n-1)a^2}\left\{\frac{x}{(x^2+a^2)^{n-1}} + (2n-3)I_{n-1}\right\}$$
を得る．

> **問題 4.1.2.** 次の不定積分を求めよ．
> (1) $\displaystyle\int \frac{dx}{(x^2+1)^2}$ (2) $\displaystyle\int \frac{dx}{(x^2+2)^3}$ (3) $\displaystyle\int e^x \sin x \,dx$
> (4) $\displaystyle\int e^{-2t} \cos 3t \,dt$

■ **有理関数の不定積分** ■ $f(x), g(x)$ を多項式とするとき，$\dfrac{f(x)}{g(x)}$ の形で表される関数を有理関数という．これについては次に述べる方法で不定積分を求めることができる．

もしも分子 $f(x)$ の次数が分母 $g(x)$ の次数以上であれば，多項式の割り算により $f(x)$ を $g(x)$ で割った商を $h(x)$，余りを $r(x)$ とすれば，$r(x)$ の次数は $g(x)$ の次数より小さく，

$$f(x) = g(x)h(x) + r(x)$$

より，

$$\int \frac{f(x)}{g(x)} dx = \int h(x)\, dx + \int \frac{r(x)}{g(x)} dx$$

となる．$\int h(x)dx$ は多項式の積分であるから，$\int \dfrac{f(x)}{g(x)}\, dx$ の形の不定積分は，分子が分母より次数が小さい場合に帰着される．

　判別式が負である 2 次式 $a_0 x^2 + a_1 x + a_2$ $(a_0 \neq 0,\ a_1{}^2 - 4a_0 a_2 < 0)$ を**既約 2 次式**という．証明は省略するが，次の定理が知られている．

■ **代数学の基本定理** ■　実数係数の多項式は，実数係数の範囲で 1 次式と既約 2 次式の積に因数分解される．

例　多項式

$$g(x) = x^4 - 5x^3 + 9x^2 - 8x + 4$$

は $(x-2)^2(x^2 - x + 1)$ と因数分解される．$x^2 - x + 1$ は既約 2 次式である．

■ **部分分数の定理** ■　実数係数の多項式

$$g(x) = a_0 x^n + a_1 x^{n-1} + \cdots + a_n\ (a_0 \neq 0)$$

が実数係数の範囲で，

$$g(x) = a_0(x - \alpha_1)^{m_1}(x - \alpha_2)^{m_2} \cdots (x - \alpha_r)^{m_r}$$
$$\times (x^2 + a_1 x + b_1)^{n_1}(x^2 + a_2 x + b_2)^{n_2} \cdots (x^2 + a_s x + b_s)^{n_s}$$

と因数分解されるならば，有理関数 $\dfrac{f(x)}{g(x)}$　($f(x)$, $g(x)$ は多項式で $f(x)$ の次数は $g(x)$ の次数より小さいものとする) は適当な定数 $A_i^{(j)}, B_i^{(j)}, \cdots, C_i^{(j)}$ に

よって,

$$\frac{f(x)}{g(x)} = \frac{A_1^{(1)}}{x-\alpha_1} + \frac{A_2^{(1)}}{(x-\alpha_1)^2} + \cdots + \frac{A_{m_1}^{(1)}}{(x-\alpha_1)^{m_1}}$$

$$+ \frac{A_1^{(2)}}{x-\alpha_2} + \frac{A_2^{(2)}}{(x-\alpha_2)^2} + \cdots + \frac{A_{m_2}^{(2)}}{(x-\alpha_2)^{m_2}}$$

$$+ \cdots + \frac{A_1^{(r)}}{x-\alpha_r} + \frac{A_2^{(r)}}{(x-\alpha_r)^2} + \cdots + \frac{A_{m_r}^{(r)}}{(x-\alpha_r)^{m_r}}$$

$$+ \frac{B_1^{(1)}x+C_1^{(1)}}{x^2+a_1x+b_1} + \frac{B_2^{(1)}x+C_2^{(1)}}{(x^2+a_1x+b_1)^2} + \cdots + \frac{B_{n_1}^{(1)}x+C_{n_1}^{(1)}}{(x^2+a_1x+b_1)^{n_1}}$$

$$+ \cdots + \frac{B_1^{(s)}x+C_1^{(s)}}{x^2+a_sx+b_s} + \frac{B_2^{(s)}x+C_2^{(s)}}{(x^2+a_sx+b_s)^2} + \cdots + \frac{B_{n_s}^{(s)}x+C_{n_s}^{(s)}}{(x^2+a_sx+b_s)^{n_s}}$$

と表される.

したがって, 有理関数の不定積分は,
$$\int \frac{1}{(x-\alpha)^n}\,dx \ \text{と} \ \int \frac{cx+d}{(x^2+ax+b)^n}\,dx \quad (a^2-4b<0)$$
の形の不定積分に帰着される.

前者については,
$$\int \frac{1}{(x-\alpha)^n}\,dx = \begin{cases} \dfrac{1}{(1-n)(x-\alpha)^{n-1}} + C & (n \neq 1) \\ \log|x-\alpha| + C & (n = 1) \end{cases}$$
である.

後者については,
$$x^2 + ax + b = \left(x + \frac{a}{2}\right)^2 + \left(b - \frac{a^2}{4}\right)$$

仮定より $b - \dfrac{a^2}{4} > 0$ であるから, $b - \dfrac{a^2}{4} = g^2 \ (g>0)$ と書かれる. $x + \dfrac{a}{2} = t$ とおけば,

$$\int \frac{cx+d}{(x^2+ax+b)^n}\,dx = \int \frac{c(t-\frac{a}{2})+d}{(t^2+g^2)^n}\,dx$$

$$= c\int \frac{t}{(t^2+g^2)^n}\,dt + \left(d - \frac{ac}{2}\right)\int \frac{1}{(t^2+g^2)^n}\,dt$$

上の第2の積分
$$\int \frac{1}{(t^2+g^2)^n}\,dt$$
については，例2 (p.73) において漸化式を示した．

第1の積分
$$\int \frac{t}{(t^2+g^2)^n}\,dt$$
については，
$$t^2+g^2 = u$$
とおいて置換積分すると
$$\frac{du}{dt} = 2t$$
であるから，与式は
$$= \int \frac{t}{u^n}\cdot\frac{dt}{du}\,du = \int \frac{t}{u^n}\cdot\frac{1}{2t}\,du = \frac{1}{2}\int \frac{1}{u^n}\,du$$
$$= \frac{1}{2(1-n)}\cdot\frac{1}{u^{n-1}} = \frac{1}{2(1-n)(x^2+ax+b)^{n-1}}.$$

例 $\displaystyle\int \frac{x^5+2x^4+5x^3+2x^2+4}{x^4+x^3+2x^2}\,dx$

まず，分母より分子の次数が小さくなるように割り算を行う．

```
                         x + 1
           ┌─────────────────────────────────
x^4+x^3+2x^2 ) x^5 + 2x^4 + 5x^3 + 2x^2      + 4
               x^5 +  x^4 + 2x^3
               ─────────────────────
                     x^4 + 3x^3 + 2x^2
                     x^4 +  x^3 + 2x^2
                     ─────────────────
                          2x^3      + 4
```

より
$$\frac{x^5+2x^4+5x^3+2x^2+4}{x^4+x^3+2x^2} = x+1+\frac{2x^3+4}{x^4+x^3+2x^2}.$$

次に $x^4+x^3+2x^2$ を因数分解すると $x^2(x^2+x+2)$ となり，ここで x^2+x+2

は既約2次式である．よって，部分分数の定理により，
$$\frac{2x^3+4}{x^4+x^3+2x^2} = \frac{A}{x} + \frac{B}{x^2} + \frac{Cx+D}{x^2+x+2}$$
となる定数 A, B, C, D が存在する．実際に両辺に $x^2(x^2+x+2)$ を掛けて係数を比較することにより
$$A = -1, \ B = 2, \ C = 3, \ D = -1$$
を得る．以上により与えられた積分は，
$$= \int (x+1)\,dx - \int \frac{dx}{x} + 2\int \frac{dx}{x^2} + \int \frac{3x-1}{x^2+x+2}\,dx$$
となる．最後の積分については，上で示したように
$$x^2 + x + 2 = \left(x + \frac{1}{2}\right)^2 + \left(\frac{\sqrt{7}}{2}\right)^2,$$
$x + \dfrac{1}{2} = t$ とおいて，
$$\int \frac{3x-1}{x^2+x+2}\,dx = \int \frac{3t - \frac{5}{2}}{t^2 + \left(\frac{\sqrt{7}}{2}\right)^2}\,dt$$
$$= 3\int \frac{t}{t^2 + \left(\frac{\sqrt{7}}{2}\right)^2}\,dt - \frac{5}{2}\int \frac{1}{t^2 + \left(\frac{\sqrt{7}}{2}\right)^2}\,dt$$
$$= \frac{3}{2} \log\left\{t^2 + \left(\frac{\sqrt{7}}{2}\right)^2\right\} - \frac{5}{2} \cdot \frac{2}{\sqrt{7}} \tan^{-1} \frac{2}{\sqrt{7}} t,$$

これより求める積分は
$$\frac{1}{2}x^2 + x - \log|x| - \frac{2}{x} + \frac{3}{2}\log(x^2+x+2) - \frac{5}{\sqrt{7}}\tan^{-1}\left(\frac{2}{\sqrt{7}}x + \frac{1}{\sqrt{7}}\right) + C$$
となる．

問題 4.1.3. 次の不定積分を求めよ．
(1) $\displaystyle\int \frac{3x+1}{x^2+x+3}\,dx$ (2) $\displaystyle\int \frac{x^2-x+6}{x^2-2x-3}\,dx$
(3) $\displaystyle\int \frac{u^6 - 5u^5 + 3u^4 + 11u^3 - 13u^2 + 26u + 9}{u^4 - 5u^3 + 3u^2 + 9u}\,du$
(4) $\displaystyle\int \frac{3x^5 + 12x^4 + 23x^3 + 20x^2 + 11x + 5}{x^5 + 3x^4 + 5x^3 + 5x^2 + 3x + 1}\,dx$

次の形の積分は，すべて有理関数の積分に帰着される．$R(X,Y) = \dfrac{F(X,Y)}{G(X,Y)}$ ($F(X,Y)$, $G(X,Y)$ はそれぞれ X, Y の多項式) は X, Y の有理関数を表す．

(I) $\displaystyle\int R\left(x, \sqrt[n]{\dfrac{ax+b}{cx+d}}\right) dx$

$t = \sqrt[n]{\dfrac{ax+b}{cx+d}}$ とおく．$t^n = \dfrac{ax+b}{cx+d}$ より $x = -\dfrac{dt^n - b}{ct^n - a}$，これは t の有理関数である．これを $\varphi(t)$ とすると，

$$\varphi'(t) = \dfrac{n(ad-bc)t^{n-1}}{(ct^n - a)^2}$$

もまた t の有理関数である．よって求める積分は $\displaystyle\int R(\varphi(t), t)\varphi'(t)\, dt$ となる．$R(\varphi(t), t)\varphi'(t)$ は t の有理関数である．

例 $\displaystyle\int \dfrac{\sqrt[4]{x}}{1 - 2\sqrt{x}} dx$

$\sqrt[4]{x} = t$ とおくと，$x = t^4$, $\dfrac{dx}{dt} = 4t^3$. よって，与式は，

$$\int \dfrac{t}{1 - 2t^2} \cdot 4t^3 dt = \int (-2t^2 - 1)\, dt + \int \dfrac{1}{1 - 2t^2}\, dt$$

$$= -\dfrac{2}{3}t^3 - t + \dfrac{1}{2}\left\{\int \dfrac{1}{1 - \sqrt{2}t}\, dt + \int \dfrac{1}{1 + \sqrt{2}t}\, dt\right\}$$

$$= -\dfrac{2}{3}t^3 - t + \dfrac{1}{2}\left\{-\dfrac{1}{\sqrt{2}}\log|1 - \sqrt{2}t| + \dfrac{1}{\sqrt{2}}\log(1 + \sqrt{2}t)\right\}$$

$$= -\dfrac{2}{3}x^{\frac{3}{4}} - \sqrt[4]{x} + \dfrac{1}{2\sqrt{2}}\log\left|\dfrac{1 + \sqrt{2}\sqrt[4]{x}}{1 - \sqrt{2}\sqrt[4]{x}}\right| + C.$$

(II) $\displaystyle\int R(x, \sqrt{ax^2 + bx + c})\, dx$

(i) $a > 0$ の場合．

$\sqrt{a}x + \sqrt{ax^2 + bx + c} = t$ とおく．

$$x = \dfrac{t^2 - c}{2\sqrt{a}t + b} = \varphi(t),\ \varphi'(t) = \dfrac{2\sqrt{a}t^2 + 2bt + 2\sqrt{a}c}{(2\sqrt{a}t + b)^2}$$

である．よって，与式は
$$\int R(\varphi(t), t - \sqrt{a}\varphi(t))\varphi'(t)\,dt$$
となり，被積分関数は t の有理関数である．

例 $\displaystyle\int \frac{1}{\sqrt{x^2 - x + 1}}\,dx$

$x + \sqrt{x^2 - x + 1} = t$ とおく．
$$x = \frac{t^2 - 1}{2t - 1}, \quad \frac{dx}{dt} = \frac{2(t^2 - t + 1)}{(2t - 1)^2}$$
であるから，与式は
$$\int \frac{1}{t - \frac{t^2-1}{2t-1}} \cdot \frac{2(t^2 - t + 1)}{(2t - 1)^2}\,dt = 2\int \frac{dt}{(2t - 1)}$$
$$= \log|2t - 1| = \log|2x + 2\sqrt{x^2 - x + 1} - 1| + c$$
となる．

(ii) $a < 0$ の場合

根号内は x の 2 次式で，判別式は $D = b^2 - 4ac$ である．もしも $D \leqq 0$ ならば根号内はつねに 0 以下であるから，このような場合については考える必要がない．よって $D > 0$ と仮定してよい．

2 次方程式 $ax^2 + bx + c$ の 2 つの実根を α, β ($\alpha < \beta$) とする．根号内が 0 以上になるのは $\alpha \leqq x \leqq \beta$ のときであるから，この範囲で考えればよい．

$\sqrt{\dfrac{a(x - \alpha)}{x - \beta}} = t$ とおくと，
$$x = \frac{\beta t^2 - \alpha a}{t^2 - a} = \varphi(t), \qquad \varphi'(t) = -\frac{2a(\alpha - \beta)t}{(t^2 - a)^2},$$
$$\sqrt{ax^2 + bx + c} = \sqrt{a(x - \alpha)(x - \beta)} = \sqrt{\frac{a(x - \alpha)}{(x - \beta)}(x - \beta)^2}$$
$$= (\beta - x)t = (\beta - \varphi(t))t$$
である．よって与式は

$$\int R(\varphi(t), (\beta - \varphi(t))t)\varphi'(t)\,dt$$ となる．この積分関数は t の有理関数である．

例 $\displaystyle\int \frac{\sqrt{-x^2+5x-6}}{x}\,dx$

$x^2 - 5x + 6 = 0$ より $x = 2, 3$. $t = \sqrt{\dfrac{-(x-2)}{x-3}}$ とおくと，

$$x = \frac{3t^2+2}{t^2+1},\quad \frac{dx}{dt} = \frac{2t}{(t^2+1)^2},$$

$$\sqrt{-x^2+5x-6} = t\left(3 - \frac{3t^2+2}{t^2+1}\right) = \frac{t}{t^2+1}.$$

よって，与式は

$$\int \frac{t^2+1}{3t^2+2} \cdot \frac{t}{t^2+1} \cdot \frac{2t}{(t^2+1)^2}\,dt = \int \frac{2t^2}{(3t^2+2)(t^2+1)^2}\,dt$$

となる．部分分数によりこれは

$$= -12\int \frac{dt}{3t^2+2} + 4\int \frac{dt}{t^2+1} + 2\int \frac{dt}{(t^2+1)^2}$$

$$= -\frac{12}{\sqrt{6}}\tan^{-1}\sqrt{\frac{3}{2}}t + 4\tan^{-1} t + \left(\frac{t}{t^2+1} + \tan^{-1} t\right)$$

$$= -\frac{12}{\sqrt{6}}\tan^{-1}\sqrt{\frac{3(-x+2)}{2(x-3)}} + 5\tan^{-1}\sqrt{\frac{-x+2}{x-3}}$$

$$\quad - (x-3)\sqrt{\frac{-x+2}{x-3}} + C.$$

(III) 三角関数を含む積分 $\displaystyle\int R(\sin x, \cos x)\,dx$

$\tan\dfrac{x}{2} = t$ とおくと，

$$\sin x = \frac{2t}{1+t^2},\quad \cos x = \frac{1-t^2}{1+t^2},\quad \frac{dx}{dt} = \frac{2}{1+t^2}$$

となる．よって，与式は，

$$\int R\left(\frac{2t}{1+t^2}, \frac{1-t^2}{1+t^2}\right) \frac{2}{1+t^2}\,dt$$

となる．これも被積分関数は t の有理関数である．

例 $\int \dfrac{dx}{1-\cos x}$

$\tan \dfrac{x}{2} = t$ とおくと，$\cos x = \dfrac{1-t^2}{1+t^2}$, $\dfrac{dx}{dt} = \dfrac{2}{1+t^2}$. よって与式は，

$$= \int \dfrac{1}{1-\frac{1-t^2}{1+t^2}} \cdot \dfrac{2}{1+t^2} = \int \dfrac{dt}{t^2}$$

$$= -t^{-1} = -\cot \dfrac{x}{2} + C.$$

問題 4.1.4. 次の不定積分を求めよ．
(1) $\int \dfrac{\sqrt[3]{x}}{1+x} dx$ (2) $\int \sqrt{x^2 + ax} \, dx$ （a は定数）
(3) $\int x\sqrt{-x^2 + 4x - 3} \, dx$ (4) $\int \dfrac{1}{\sin x - \cos x} dx$
(5) $\int \dfrac{1}{1+\tan x} dx$

§4.2 定積分

関数 $f(x)$ は閉区間 $[a,b]$ で定義されているとする．区間 $[a,b]$ を下のように点 $a = x_0, x_1, \cdots, x_n = b$ によって小さい区間に分けることを区間 $[a,b]$ の分割という．x_i $(0 \leqq i \leqq n)$ をこの分割の分点といい，おのおのの $[x_{i-1}, x_i]$ $(1 \leqq i \leqq n)$ をこの分割の小区間という．

```
|――――――|―――|―――|――――――――――|――|
a=x₀   x₁  x₂                xₙ₋₁ xₙ=b
```

図 4.1

各小区間 $[x_{i-1}, x_i]$ $(1 \leqq i \leqq n)$ から数 t_i を 1 つずつ選んで（t_i を代表点という），和

$$(*) \quad \sum_{i=1}^{n} f(t_i)(x_i - x_{i-1})$$

を考える．区間 $[a,b]$ と関数 $f(x)$ を固定しておけば，この和は分点 $x_0, x_1, \cdots x_n$ のとりかた（分割の仕方）と各小区間 $[x_{i-1}, x_i]$ からの代表点 t_i のとりかたに

依存して決まる値であり，$f(x)$ がつねに正の場合には図 4.2 の短冊形の面積の和である．

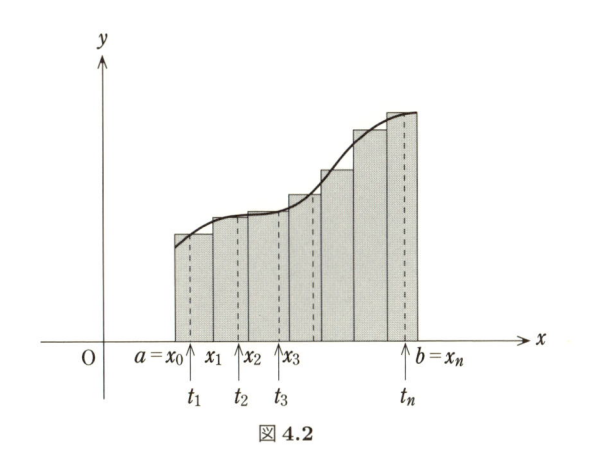

図 4.2

$f(x)$ が連続であるとき，分点の数 n を無限に多くし分割を無限に細かくしてゆけば，この短冊形の面積の和は x 軸，曲線 $y = f(x)$，直線 $x = a$ および $x = b$ で囲まれた部分の面積に近づいてゆくことが想像できる．

分割を無限に細かくしてゆくとき和 (*) がある極限値に近づくならば，関数 $f(x)$ は区間 $[a, b]$ において積分可能であるという．正確に述べれば，次のようになる．

区間 $[a, b]$ の 1 つの分割 $a = x_0 < x_1 < \cdots < x_n = b$ があるとき，これを記号 σ で表すことにする．小区間の幅の最大値 $\max\limits_{1 \leqq i \leqq n} (x_i - x_{i-1})$ を分割 σ のサイズという．

区間 $[a, b]$ で定義されている関数 $f(x)$ が区間 $[a, b]$ において積分可能であるとは，次の条件をみたす定数 A が存在することである．

「任意の正の数 ε に対して，ある正の数 δ が存在して，サイズが δ より小さい任意の分割 $\sigma : a = x_0 < x_1 < \cdots < x_n = b$ と，各小区間 $[x_{i-1}, x_i]$ から任意に選んだ t_i $(1 \leqq i \leqq n)$ について，

$$\left| \sum_{i=1}^{n} f(t_i)(x_i - x_{i-1}) - A \right| < \varepsilon$$

となる」

関数 $f(x)$ が区間 $[a,b]$ において積分可能であるとき，上の定数 A を関数 $f(x)$ の区間 $[a,b]$ における定積分といい，$\int_a^b f(x)\,dx$ で表す．a をこの定積分の下端といい，b をこの定積分の上端という．

証明は省略するが，次の定理が成り立つ．

定理 4.2.1. 関数 $f(x)$ が区間 $[a,b]$ において連続であるならば，$f(x)$ は区間 $[a,b]$ において積分可能である．

上の定理は，関数がある区間で連続であることはそこで積分可能であるための十分条件であることを述べている．しかしこのことは必要条件ではない（図 4.3）．

上端と下端の大小関係が逆の場合については，
$$\int_b^a f(x)\,dx = -\int_a^b f(x)\,dx$$
と定める．

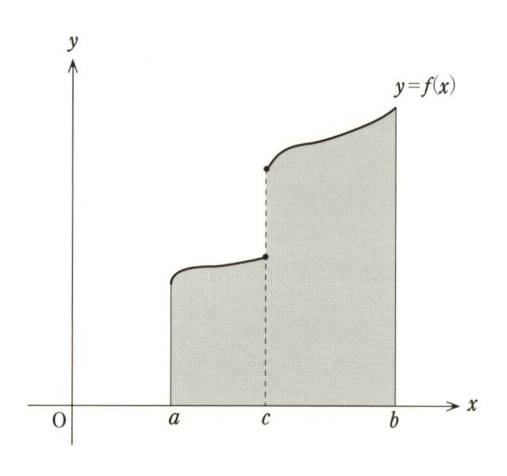

図 4.3 点 c で不連続でも積分可能

■ **定積分の性質** ■ 定積分の定義から次の性質が導かれる．

(1) $\displaystyle\int_a^b \{f(x) \pm g(x)\}\,dx = \int_a^b f(x)\,dx \pm \int_a^b g(x)\,dx$ （複合同順）

(2) $\displaystyle\int_a^b \{kf(x)\}\,dx = k\int_a^b f(x)\,dx$ （k は定数）

(3) $a < b$, $f(x) \geqq 0$ ならば $\displaystyle\int_a^b f(x)\,dx \geqq 0$．

(4) $a < b$ ならば $\left|\displaystyle\int_a^b f(x)\,dx\right| \leqq \displaystyle\int_a^b |f(x)|\,dx$

(5) $a < c < b$ ならば $\displaystyle\int_a^b f(x)\,dx = \int_a^c f(x)\,dx + \int_c^b f(x)\,dx$．

(6) $f(x) = C$ (定数) の場合は $\int_a^b C dx = C(b-a)$.

(7) $\left\{ \int_a^b f(x)g(x)\,dx \right\}^2 \leq \int_a^b \{f(x)\}^2 dx \cdot \int_a^b \{g(x)\}^2 dx$
(**Schwarz** の不等式)

定理 4.2.2. （積分に関する平均値の定理）関数 $f(x)$ は閉区間 $[a, b]$ において連続であるとする．ならば
$$\int_a^b f(x)dx = f(x_0)(b-a)$$
をみたす x_0 が $a < x_0 < b$ の範囲に存在する．

証明 $f(x) = C$ (定数) の場合については明らかであるから，$f(x)$ は区間 $[a, b]$ で恒等的に定数ではないものとする．最大・最小の原理（定理 2.4.6）により，$f(x)$ は区間 $[a, b]$ で最大値と最小値をとる．最大値を $f(x_1) = M$，最小値を $f(x_2) = m$ とする $(M > m, \ x_1 \neq x_2)$．

$f(x)$ の値はつねに $m \leq f(x) \leq M$ の範囲にあるから，
$$\int_a^b m\,dx \leq \int_a^b f(x)\,dx \leq \int_a^b M\,dx,$$
すなわち
$$m(b-a) \leq \int_a^b f(x)\,dx \leq M(b-a)$$
である．$f(x)$ は恒等的に定数ではないので，
$$m(b-a) < \int_a^b f(x)\,dx < M(b-a)$$
である．$A = \dfrac{1}{b-a} \int_a^b f(x)\,dx$ とおけば，A は $m < A < M$ の範囲にある．中間値の定理（定理 2.4.4）により，$f(x_0) = A$ となる x_0 が $x_1 < x_0 < x_2$ （または $x_2 < x_0 < x_1$）の範囲に存在する．このとき
$$\int_a^b f(x)\,dx = f(x_0)(b-a)$$
である．

定理 4.2.3. （微分積分学の基本定理） 関数 $f(x)$ は閉区間 $[a,b]$ において連続であるとする．ならば

$$F(x) = \int_a^x f(t)\,dt$$

で定義される関数 $F(x)$ は $[a,b]$ において微分可能であって $F'(x) = f(x)$ である．

証明 $a < x < b$ とする．h を十分微小な数とすれば $a < x+h < b$ としてよい．

$$F(x+h) - F(x) = \int_a^{x+h} f(t)\,dt - \int_a^x f(t)\,dt$$
$$= \int_x^{x+h} f(t)\,dt.$$

定理 4.2.2 により，これが $f(x_0)h$ に等しくなるような x_0 が $x < x_0 < x+h$（または $x+h < x_0 < x$）の範囲にある．

$$\frac{F(x+h) - F(x)}{h} = f(x_0)$$

であり，$h \to 0$ のとき $x_0 \to x$ であるから，

$$\lim_{h \to 0} \frac{F(x+h) - F(x)}{h} = f(x).$$

よって，$F(x)$ は $a < x < b$ において微分可能で，$F'(x) = f(x)$ である．

x が左端点 a の場合は $h > 0$，x が右端点 b の場合は $h < 0$ とすればよい．

上の定理により，閉区間 $[a,b]$ で連続な関数についてはその原始関数が存在することがわかる．定積分と原始関数については次の定理が成り立つ．

定理 4.2.4. 関数 $f(x)$ は閉区間 $[a,b]$ において連続であるとする．$F(x)$ が $f(x)$ の原始関数であれば

$$\int_a^b f(x)\,dx = F(b) - F(a)$$

が成り立つ．

証明 定理 4.2.3 により, $G(x) = \int_a^x f(t)\,dt$ は $f(x)$ の原始関数である. よって, $G(x) - F(x) = C$（定数）.
$x = a$ とすれば $G(a) - F(a) = C$. $G(a) = 0$ であるから, $C = -F(a)$.
よって
$$\int_a^x f(t)\,dt = F(x) - F(a).$$

上の式の $F(b) - F(a)$ を $[F(x)]_a^b$ または $[F(x)]_{x=a}^{x=b}$ と表す.
置換積分, 部分積分については次のようになる.

定理 4.2.5. （置換積分） 関数 $f(x)$ は閉区間 $[a, b]$ において連続であるとする. 関数 $x = \varphi(t)$ は閉区間 $[\alpha, \beta]$ において微分可能, 導関数 $\dfrac{dx}{dt} = \varphi'(t)$ はこの区間で連続, $a = \varphi(\alpha)$, $b = \varphi(\beta)$ で, t が変域 $[\alpha, \beta]$ を動くとき x は変域 $[a, b]$ を動くものとする. ならば
$$\int_a^b f(x)\,dx = \int_\alpha^\beta f(\varphi(t))\varphi'(t)\,dt$$
である.

証明 $f(x)$ の原始関数を $F(x)$ とすると,
$$\int_a^b f(x)\,dx = F(b) - F(a) = F(\varphi(\beta)) - F(\varphi(\alpha))$$
である. 一方, §4.1 で述べたように, t の関数 $f(\varphi(t))\varphi'(t)$ の原始関数は $F(\varphi(t))$ であるから,
$$\int_\alpha^\beta f(\varphi(t))\varphi'(t)\,dt = F(\varphi(\beta)) - F(\varphi(\alpha))$$
である. これより定理の主張を得る.

定理 4.2.6. （部分積分） 関数 $f(x)$, $g(x)$ は区間 $[a, b]$ で微分可能とする. ならば,
$$\int_a^b f'(x)g(x)\,dx = [f(x)g(x)]_a^b - \int_a^b f(x)g'(x)\,dx.$$

証明 $f'(x)g(x) + f(x)g'(x)$ の原始関数は $f(x)g(x)$ であるから,

$$\int_a^b f'(x)g(x)\,dx + \int_a^b f(x)g'(x)\,dx = \int_a^b \{f'(x)g(x) + f(x)g'(x)\}\,dx$$
$$= [f(x)g(x)]_a^b.$$

これより定理の主張を得る.

$f(-x) = -f(x)$ をみたす関数を**奇関数**という.また,$f(-x) = f(x)$ をみたす関数を**偶関数**という.$f(x)$ が奇関数ならば $\int_{-a}^a f(x)\,dx = 0$ である.また,$f(x)$ が偶関数ならば $\int_{-a}^a f(x)\,dx = 2\int_0^a f(x)\,dx$ である.

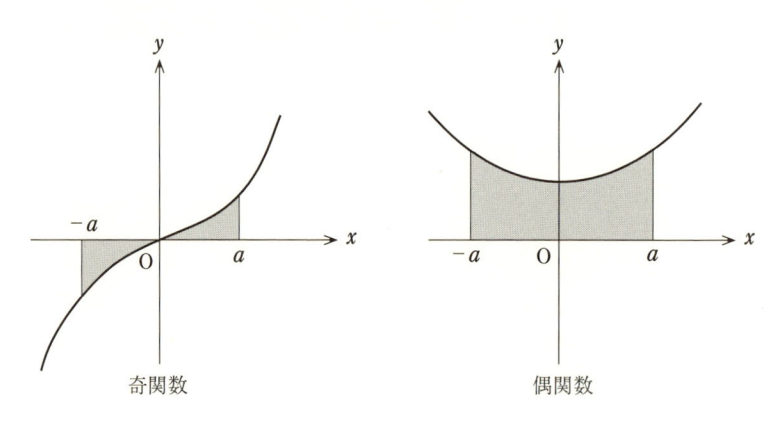

奇関数   偶関数

図 4.4

例 $f(x) = x^3$ は奇関数であるから,$\int_{-a}^a x^3\,dx = 0$.

問題 4.2.1. 次の定積分を求めよ.

(1) $\displaystyle\int_{-1}^1 x^4\,dx$ 　　(2) $\displaystyle\int_0^1 (x + \sqrt{x})\,dx$ 　　(3) $\displaystyle\int_0^1 \frac{dx}{x^2 + x + 1}$

(4) $\displaystyle\int_0^2 \frac{du}{u^2 - 2u - 3}$ 　　(5) $\displaystyle\int_0^2 \frac{dx}{1 + \sin x}$

§4.3 異常積分

関数 $y = \dfrac{1}{\sqrt{x}}$ は $x = 0$ における値がないから，通常の意味では定積分

$$\int_0^1 \frac{1}{\sqrt{x}}\,dx$$

を考えることはできない．

ε を $0 < \varepsilon < 1$ の範囲の数とすれば，

$$\int_\varepsilon^1 \frac{1}{\sqrt{x}}dx = [2\sqrt{x}]_\varepsilon^1 = 2(1-\sqrt{\varepsilon})$$

は通常の定積分である．この積分値は $\varepsilon \to 0$ のとき 2 に収束する．このことは図 4.5 の x 軸，y 軸，曲線 $y = \sqrt{x}$，直線 $x = 1$ で囲まれた部分は有限の領域ではないが面積が 2 であることを示している．このように有界でない図形にわたる積分を異常積分（または広義積分）という．

異常積分には第 1 種の異常積分と第 2 種の異常積分がある．

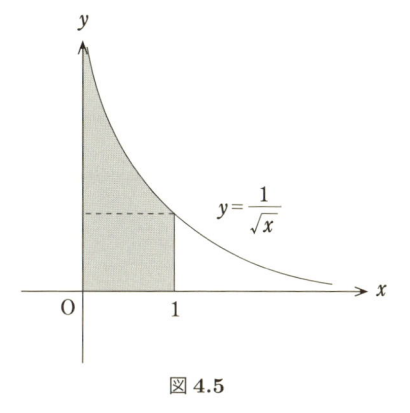

図 4.5

■ **第 1 種の異常積分** ■ （積分範囲に値のない点がある）

関数 $f(x)$ は区間 $(a, b]$ で定義されていて連続であるとする．極限値 $\displaystyle\lim_{\varepsilon \to +0} \int_{a+\varepsilon}^b f(x)\,dx$ が存在するとき，この極限値を

$$\int_a^b f(x)\,dx$$

で表す．このとき第 1 種の異常積分 $\displaystyle\int_a^b f(x)dx$ は収束するという．

極限値 $\displaystyle\lim_{\varepsilon \to +0} \int_{a+\varepsilon}^b f(x)\,dx$ が存在しないときは，第 1 種の異常積分 $\displaystyle\int_a^b f(x)\,dx$ は発散するという．この場合にはこの異常積分の値はない．

例 異常積分 $\int_1^2 \dfrac{1}{\sqrt[3]{x-1}}\,dx$ は収束することを示し，その値を求めよ．

関数 $f(x) = \dfrac{1}{\sqrt[3]{x-1}}$ は $x = 1$ における値がないので，これは第 1 種の異常積分である．

$$\int_{1+\varepsilon}^2 \dfrac{1}{\sqrt[3]{x-1}}\,dx = \dfrac{3}{2}[(x-1)^{\frac{2}{3}}]_{1+\varepsilon}^2 = \dfrac{3}{2}(1 - \varepsilon^{\frac{2}{3}})$$

$\varepsilon \to +0$ のとき，上の値は $\dfrac{3}{2}$ に収束する．よってこの異常積分は収束し，その値は $\dfrac{3}{2}$ である．

第 1 種の異常積分には，他に次のような場合がある．

関数 $f(x)$ が区間 $[a,b]$ で定義されていて連続である場合．極限値 $\displaystyle\lim_{\varepsilon \to +0} \int_a^{b-\varepsilon} f(x)\,dx$ が存在するならば，この極限値を $\int_a^b f(x)\,dx$ で表し，第 1 種の異常積分 $\int_a^b f(x)\,dx$ は収束するという．

関数 $f(x)$ が区間 $[a,b]$ の途中の 1 点 c で値がないか，あるいはこの点で不連続である場合，極限値 $\displaystyle\lim_{\varepsilon \to +0}\int_a^{c-\varepsilon} f(x)\,dx$ と極限値 $\displaystyle\lim_{\varepsilon \to +0}\int_{c+\varepsilon}^b f(x)\,dx$ がともに存在するならば，これらの和を $\int_a^b f(x)\,dx$ で表し，第 1 種の異常積分 $\int_a^b f(x)\,dx$ は収束するという．

例 区間 $[-1,1]$ で関数 $f(x) = \dfrac{1}{\sqrt[3]{|x|}}$ を考える．$x = 0$ については $f(x)$ の値がない．

$$\int_{-1}^{-\varepsilon} f(x)\,dx = -\int_{-1}^{-\varepsilon} \dfrac{1}{\sqrt[3]{x}}\,dx$$
$$= -\dfrac{3}{2}\{(-\varepsilon)^{\frac{2}{3}} - (-1)^{\frac{2}{3}}\} \to \dfrac{3}{2} \qquad (\varepsilon \to +0)$$

同様に
$$\int_\varepsilon^1 f(x)\,dx \to \frac{3}{2} \ (\varepsilon \to +0)$$
であるから，第1種の異常積分
$$\int_{-1}^1 f(x)\,dx$$
は収束し，その値は3である．

第1種の異常積分の収束，発散については次の定理が知られている．証明は定理2.1.4と同様である．

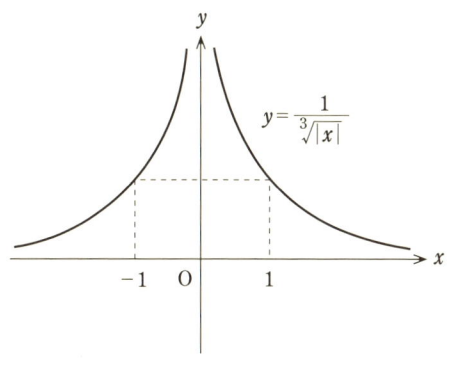

図 4.6

定理 4.3.1. 関数 $f(x)$ は区間 $(a, b]$ で定義されていて連続であるとする．第1種の異常積分 $\int_a^b f(x)\,dx$ が収束するための必要十分条件は，任意の正の数 ε に対して正の数 δ が存在して，$a < x' < x'' < a + \delta$ をみたす任意の x', x'' について $\left|\int_{x'}^{x''} f(x)\,dx\right| < \varepsilon$ となることである．

関数 $f(x)$ は区間 $(a, b]$ で定義されていて連続であるとする．このとき $|f(x)|$ もまた区間 $(a, b]$ において連続である．

もしも第1種の異常積分 $\int_a^b |f(x)|\,dx$ が収束するとすれば，定理4.3.1により，任意の正の数 ε に対して正の数 δ が存在して，$a < x' < x'' < a + \delta$ をみたす任意の x', x'' について
$$\int_{x'}^{x''} |f(x)|\,dx < \varepsilon$$
となる．$\left|\int_{x'}^{x''} f(x)\,dx\right| \leqq \int_{x'}^{x''} |f(x)|\,dx$ であるから，このとき異常積分 $\int_a^b f(x)\,dx$ も収束する．

異常積分 $\int_a^b |f(x)|\,dx$ が収束するとき，異常積分 $\int_a^b f(x)\,dx$ は絶対収束するという．

第 1 種の異常積分が絶対収束するとき，その異常積分は収束する．しかし，収束するからといって絶対収束するとは限らない．

異常積分が絶対収束するための十分条件を与える次の定理はよく知られている．

定理 4.3.2. 関数 $f(x)$ は区間 $(a,b]$ で定義されていて連続であるとする．λ は $0<\lambda<1$ の範囲にある定数で，$(x-a)^\lambda f(x)$ は区間 $(a,b]$ で有界であるとする．ならば，第 1 種の異常積分 $\int_a^b f(x)\,dx$ は絶対収束する．

証明 ε を任意の正の数とする．仮定により，ある正の定数 M が存在して，区間 $(a,b]$ において $|(x-a)^\lambda f(x)| \leqq M$ である．

$a<x'<x''<b$ の範囲にある x', x'' に対して，

$$\int_{x'}^{x''} |f(x)|\,dx \leqq \int_{x'}^{x''} M(x-a)^{-\lambda}\,dx = \frac{M}{1-\lambda}[(x-a)^{1-\lambda}]_{x'}^{x''}$$

$$= \frac{M}{1-\lambda}\{(x''-a)^{1-\lambda} - (x'-a)^{1-\lambda}\} < \frac{M}{1-\lambda}(x''-a)^{1-\lambda}.$$

$c=1-\lambda$ は $0<c<1$ の範囲の定数である．関数 $y=(x-a)^c$ は $x=a$ において右連続であるから（図 4.7），十分小さい正の数 δ をとれば，$a<x<a+\delta$ の範囲では

$$(x-a)^{1-\lambda} < \frac{(1-\lambda)\varepsilon}{M}$$

となる．よって $a<x'<x''<a+\delta$ の範囲にある x', x'' については

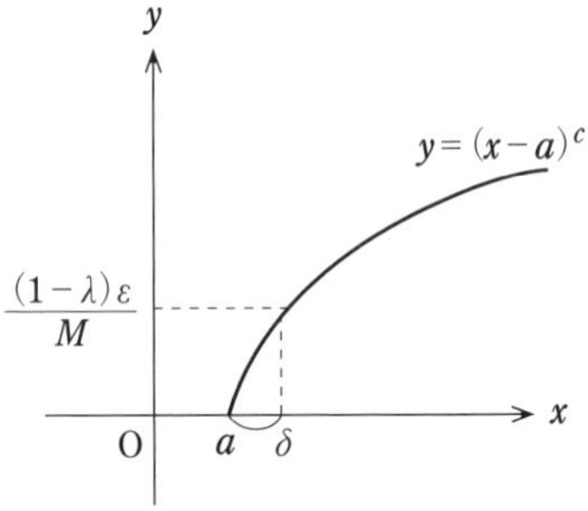

図 4.7

$$\int_{x'}^{x''} |f(x)|\,dx < \frac{M}{1-\lambda}(x''-a)^{1-\lambda} < \frac{M}{1-\lambda} \cdot \frac{(1-\lambda)\varepsilon}{M} = \varepsilon$$

となる．

したがって，定理 4.3.1 により，$\int_a^b f(x)\,dx$ は絶対収束する．

第 1 種の異常積分の他の場合についても同様の定理が成立する．

問題 4.3.1. 次の異常積分について収束するか発散するかを判定し，収束する場合はその値を求めよ．
(1) $\int_0^1 \log x\,dx$ (2) $\int_0^1 \dfrac{1}{\sqrt[5]{x}}\,dx$ (3) $\int_1^2 \dfrac{1}{t-1}\,dt$
(4) $\int_0^a \dfrac{1}{\sqrt{a^2-x^2}}\,dx$

問題 4.3.2. 次の計算は間違っている．どこがおかしいのか考えてみよ．
$$\int_{-1}^1 \dfrac{1}{x}\,dx = \bigl[\log|x|\bigr]_{-1}^1 = \log 1 - \log 1 = 0$$

■ **第 2 種の異常積分** ■ （積分範囲が無限区間にわたる）関数 $f(x)$ は区間 $[a,+\infty)$ において定義され，連続であるとする．極限値

$$\lim_{t\to +\infty}\int_a^t f(x)\,dx$$

が存在するとき，この極限値を

$$\int_a^{+\infty} f(x)\,dx$$

で表す．このとき第 2 種の異常積分 $\int_a^{+\infty} f(x)\,dx$ は収束するという．

例 $\int_1^{+\infty} \dfrac{1}{x^\alpha}\,dx$ （α は正の定数）
$\alpha \neq 1$ とすると，
$$\int_1^t \dfrac{1}{x^\alpha}\,dx = \dfrac{1}{1-\alpha}[x^{1-\alpha}]_1^t = \dfrac{1}{1-\alpha}(t^{1-\alpha}-1).$$

$\alpha > 1$ の場合，これは $t\to +\infty$ のとき $\dfrac{1}{\alpha-1}$ に収束する．
$0 < \alpha < 1$ の場合は，$t\to +\infty$ のとき $t^{1-\alpha}$ は発散する．

$\alpha = 1$ のときは,
$$\int_1^t \frac{1}{x} dx = [\log x]_1^t = \log t \to +\infty \ (t \to +\infty).$$
よって,この第2種の異常積分は $\alpha > 1$ のとき収束し,$0 < \alpha \leqq 1$ のとき発散する.

第2種の異常積分には,他に次のような場合がある.

関数 $f(x)$ が区間 $(-\infty, a]$ で定義されていて連続である場合.極限値 $\lim_{t \to -\infty} \int_t^a f(x) dx$ が存在するならば,この極限値を $\int_{-\infty}^a f(x) dx$ で表し,第2種の異常積分 $\int_{-\infty}^a f(x) dx$ は収束するという.

関数 $f(x)$ が区間 $(-\infty, +\infty)$ で定義されていて連続である場合.極限値 $\lim_{t \to \infty} \int_{-t}^t f(x) dx$ が存在するならば,この極限値を $\int_{-\infty}^{+\infty} f(x) dx$ で表し,第2種の異常積分 $\int_{-\infty}^{+\infty} f(x) dx$ は収束するという.

第2種の異常積分の収束については,次の定理が知られている.

定理 4.3.3. 関数 $f(x)$ は区間 $[a, +\infty)$ で定義されていて連続であるとする.第2種の異常積分 $\int_a^{+\infty} f(x) dx$ が収束するための必要十分条件は,任意の正の数 ε に対して,a より大きい数 M が存在して,$M < x' < x''$ をみたす任意の x', x'' について $\left| \int_{x'}^{x''} f(x) dx \right| < \varepsilon$ となることである.

関数 $f(x)$ は区間 $[a, +\infty)$ で定義されていて連続であるとすると,第1種の場合と同様に,もし異常積分 $\int_a^{+\infty} |f(x)| dx$ が収束するならば異常積分 $\int_a^{+\infty} f(x) dx$ も収束する.

異常積分 $\int_a^{+\infty} |f(x)| dx$ が収束するとき,異常積分 $\int_a^{+\infty} f(x) dx$ は絶対収束するという.

区間 $[a, +\infty)$ で定義されている関数 $g(x)$ が $+\infty$ の近傍で有界であるというのは，ある正の定数 K と a より大きい定数 A が存在して，$x > A$ の範囲では $|g(x)| \leqq K$ となることである．

定理 4.3.2 と同様に次の定理が成立する．

定理 4.3.4. 関数 $f(x)$ は区間 $[a, +\infty)$ で定義されていて連続であるとする．λ は 1 より大きい定数で，$x^\lambda f(x)$ は $+\infty$ の近傍で有界であるとする．ならば，第 2 種の異常積分 $\int_a^{+\infty} f(x) dx$ は絶対収束する．

例 $\Gamma(s) = \int_0^{+\infty} e^{-x} x^{s-1} dx \ (s > 0)$

は Euler の Gamma 関数とよばれている．これを $\int_0^1$ と $\int_1^{+\infty}$ に分けて考える．

$\int_0^1 e^{-x} x^{s-1} dx$ については，$s \geqq 1$ の場合は通常の定積分である．$0 < s < 1$ の場合は，この積分は第 1 種の異常積分となる．

$$x^{1-s} \cdot e^{-x} x^{s-1} = e^{-x}$$

は区間 $(0, 1]$ において有界であるから，定理 4.3.2 により ($\lambda = 1-s, a = 0$ とする)，$\int_0^1 e^{-x} x^{s-1} dx$ は絶対収束する．

$\int_1^{+\infty} e^{-x} x^{s-1} dx$ については，

$$x^2 \cdot e^{-x} x^{s-1} = \frac{x^{s+1}}{e^x} \to 0 \ (x \to +\infty) \quad (\text{第 3 章章末問題 3 (1) 参照})$$

であるから，$x^2 \cdot e^{-x} x^{s-1}$ は $+\infty$ の近傍で有界である．よって，定理 4.3.4 により ($\lambda = 2$ とする)，第 2 種の異常積分 $\int_1^{+\infty} e^{-x} x^{s-1} dx$ は絶対収束する．

問題 4.3.3. 次の異常積分は収束するか発散するかを判定し，収束する場合はその値を求めよ．

(1) $\int_1^{+\infty} \frac{dx}{x^4}$ (2) $\int_{-\infty}^{+\infty} \frac{dx}{a + x^2} \ (a > 0)$ (3) $\int_0^{+\infty} \frac{dx}{x^2 - x + 1}$

(4) $\displaystyle\int_0^{+\infty} \frac{dx}{(x^2+1)^2}$

問題 4.3.4. Euler の Gamma 関数について次のことを示せ．
(1) $\Gamma(1) = 1$　　(2) $\Gamma(s+1) = s\Gamma(s)$.

§4.4　極座標と積分の応用

平面上の曲線は，通常は x,y の方程式で表されるが，曲線の種類によっては他の表しかたの方が便利な場合がある．

平面の点の位置を，原点からの距離 r と，x 軸の正の向きから計った角度（偏角という）θ とで表すことができる．これを極座標という．

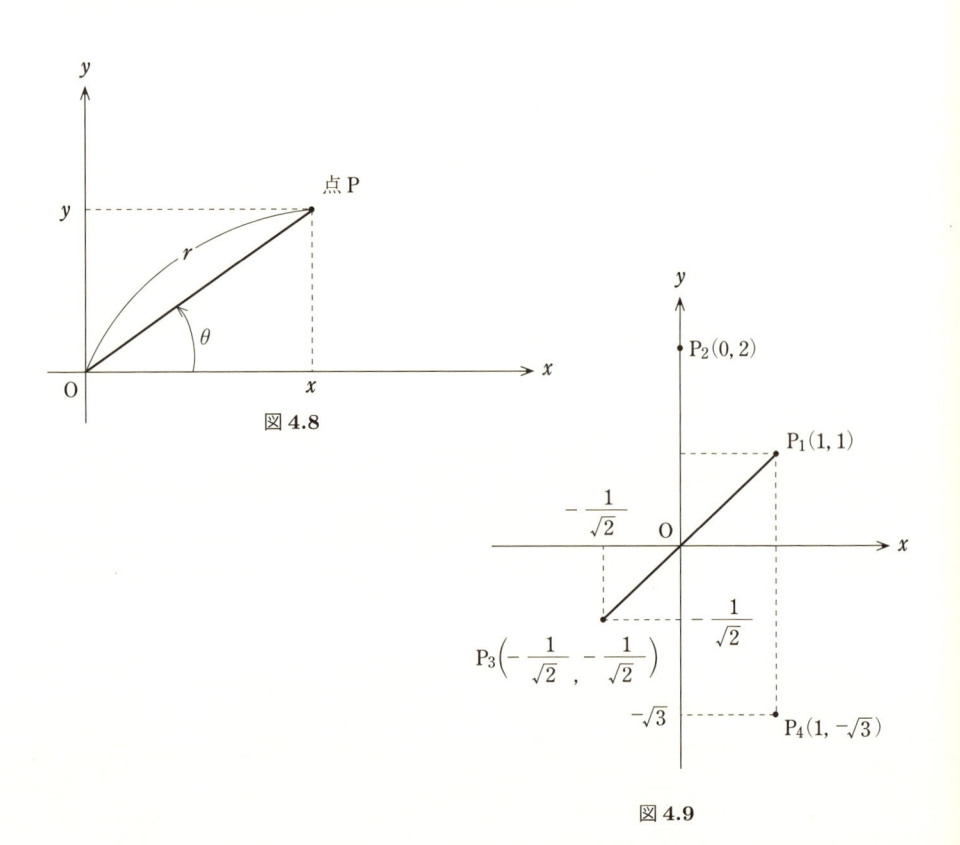

図 4.8

図 4.9

4.4 極座標と積分の応用

極座標で表した点の位置は次のようになる.

点 $P_1(1,1)$ は極座標では $r=\sqrt{2}, \theta=\dfrac{\pi}{4}$ (または $\theta=-\dfrac{7\pi}{4}$), $P_2(0,2)$ は極座標では $r=2, \theta=\dfrac{\pi}{2}$ (または $\theta=-\dfrac{3\pi}{2}$), $P_3(-\dfrac{1}{\sqrt{2}},-\dfrac{1}{\sqrt{2}})$ は極座標では $r=1, \theta=\dfrac{5\pi}{4}$ (または $\theta=-\dfrac{3\pi}{4}$), $P_4(1,-\sqrt{3})$ は極座標では $r=2, \theta=\dfrac{5\pi}{3}$ (または $\theta=-\dfrac{\pi}{3}$) となる.

原点は偏角がなく, $r=0$ で表される.

以上が標準的な極座標の表しかたであるが, 便宜上, 1つの偏角に対応する向きでは r を正とし, その反対方向では r を負として表記する場合がある (図 4.10).

この表しかたによれば, 上の点 P_1 は $r=-\sqrt{2}, \theta=\dfrac{5\pi}{4}$ (または $\theta=-\dfrac{3\pi}{4}$), 点 P_2 は $r=-2, \theta=\dfrac{3\pi}{2}$ (または $\theta=-\dfrac{\pi}{2}$), となる (以下同様).

図 4.10

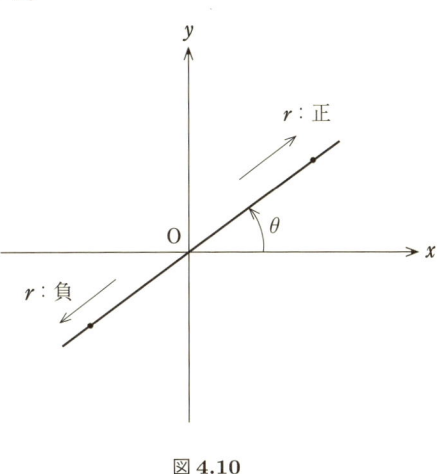

問題 4.4.1. 次の, xy 座標で表された平面上の点は曲座標で表し, 極座標で表された平面上の点は x,y 座標で表せ.
(1) $x=3, y=0$ (2) $x=-2\sqrt{3}, y=-2$ (3) $x=0, y=-1$
(4) $x=-1, y=-1$ (5) $r=2, \theta=\dfrac{\pi}{3}$
(6) $r=5, \theta=\dfrac{\pi}{2}+\tan^{-1}\dfrac{3}{4}$ (7) $r=-2, \theta=\pi$
(8) $r=\dfrac{1}{2}, \theta=-\dfrac{\pi}{3}$

方程式 $r=f(\theta)$ が与えられているとき, この式をみたす極座標の点 r, θ の軌跡 (式をみたす点の集合) は曲線になる.

例　$r = e^\theta$

$\theta = 0$ のとき $r = 1$, $\theta = \dfrac{\pi}{4}$ のとき $r = e^{\frac{\pi}{4}}$, $\theta = \dfrac{\pi}{2}$ のとき $r = e^{\frac{\pi}{2}}$, $\theta = \dfrac{3\pi}{4}$ のとき $r = e^{\frac{3\pi}{4}}$, $\cdots$ これらをつなぐと図 4.11 のような曲線が得られる．

α を定数とするとき，方程式 $r = e^{\alpha\theta}$ で表される曲線は図 4.11 のタイプのものになる（α が負のときは逆回転の渦になる）．これは等交曲線 (equiangular spiral) とよばれ，巻貝の渦巻模様はこのタイプの曲線であることが知られている．

xy 座標と極座標とのあいだには次のような関係がある．x, y を r, θ で表すと，

$x = r\cos\theta$, $y = r\sin\theta$.

r, θ を x, y で表すと，

$r = \sqrt{x^2 + y^2}$,
$\theta = \tan^{-1}\dfrac{y}{x}$
　　$(x \neq 0,\ -\dfrac{\pi}{2} < \theta < \dfrac{\pi}{2})$,

$x = 0$ のときは

$$\theta = \dfrac{\pi}{2} \quad \text{または} \quad \theta = -\dfrac{\pi}{2},$$

$-\pi < \theta < -\dfrac{\pi}{2}$ のとき

$$\theta = \tan^{-1}\dfrac{y}{x} - \pi,$$

$\dfrac{\pi}{2} < \theta < \pi$ のとき

$$\theta = \tan^{-1}\dfrac{y}{x} + \pi.$$

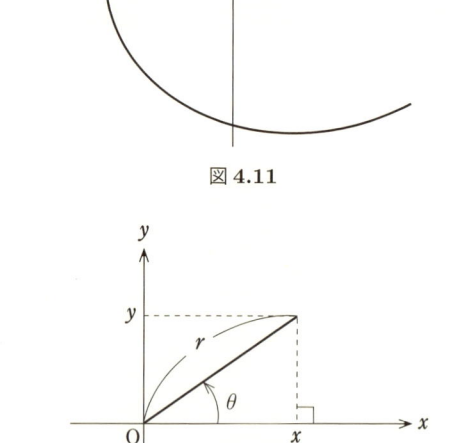

図 4.11

図 4.12

4.4 極座標と積分の応用　99

したがって，前述の曲線 $r = e^\theta$ を $-\dfrac{\pi}{2} < \theta < \dfrac{\pi}{2}$ の範囲で x, y の方程式として表せば，$\sqrt{x^2 + y^2} = e^{\tan^{-1}\frac{y}{x}}$ となる．

> **問題 4.4.2.**　次の極座標で与えられた曲線の概形を描け．また曲線の方程式を x, y 座標で表せ．
> (1) $r = \theta$　　(2) $r = \sin\theta$　　(3) $r = \cos\theta$　　(4) $r = \sin 2\theta$

■**極座標による面積**■　xy 平面上の曲線が極座標で $r = f(\theta)$ と表されているとき，この曲線と，偏角 α から偏角 β までの範囲で囲まれた扇状の図形（図 4.13 の斜線の部分）の面積はどのように表されるかを考える．

この曲線上の 1 点を $r = r$, $\theta = \theta$ とし，偏角 θ と偏角 $\theta + \Delta\theta$ で囲まれた狭い扇形の面積 ΔS は，近似的に，半径 r の円の中心角 $\Delta\theta$ に対応する扇形の面積であるから，

$$\Delta S = \pi r^2 \cdot \dfrac{\Delta\theta}{2\pi} = \dfrac{1}{2}\{f(\theta)\}^2 \Delta\theta.$$

求める面積 S は，対象である図形を角度で $\alpha = \theta_0, \theta_1, \cdots, \theta_n = \beta$ により上のような図形に細分して加えわせたものの和である（図 4.14）．これは近似的に

$$\sum_{i=1}^{n} \dfrac{1}{2}\{f(\theta_{i-1})\}^2 (\theta_i - \theta_{i-1})$$

である．角度の分割を無限に細かくすればこれは

$$S = \dfrac{1}{2}\int_\alpha^\beta \{f(\theta)\}^2 d\theta$$

に収束する（§4.2 定積分の定義）．

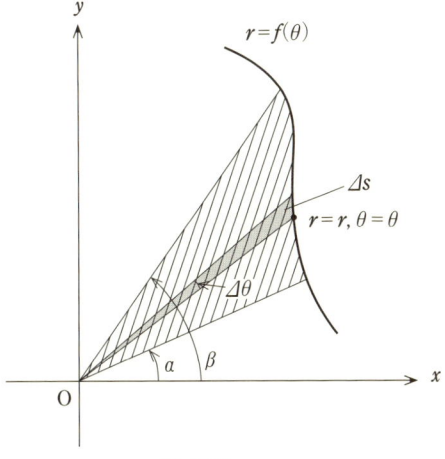

図 4.13

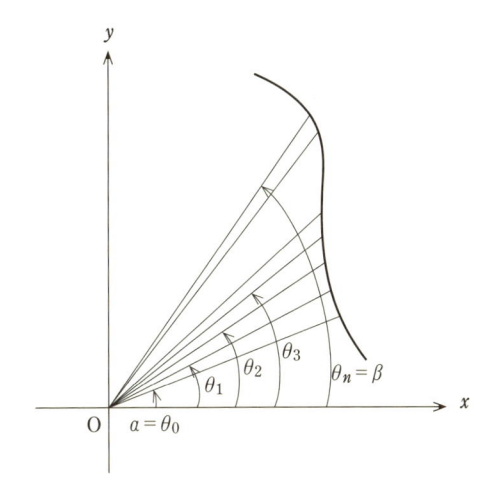

図 4.14

問題 **4.4.3.**
(1) 問題 4.4.2 (4) の図形（クローバーの形）の葉 1 枚の面積を求めよ．
(2) 曲線 $r = e^\theta$ の偏角 $0 \leqq \theta \leqq \dfrac{\pi}{4}$ の部分の面積を求めよ（図 4.15）．

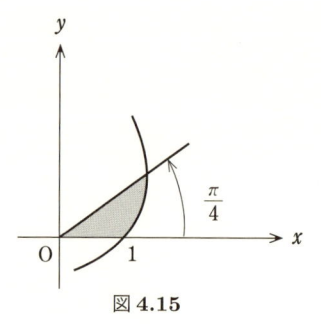

図 4.15

■ 曲線の長さ ■

$f(x)$ は区間 $[a, b]$ において微分可能で，導関数 $f'(x)$ は連続であるとする．xy 平面上の曲線 $y = f(x)$ の，$a \leqq x \leqq b$ の部分の長さ ℓ を求めることを考える．区間 $[a, b]$ を $a = x_0 < x_1 < x_2 < \cdots < x_n = b$ に分割し，それに対応する曲線上の点を $P_0, P_1, P_2, \cdots, P_n$ とする．分割を細かくすれば，この $P_0, P_1, P_2, \cdots, P_n$ を結ぶ折れ線の長さは，曲線の長さ ℓ に近づく．

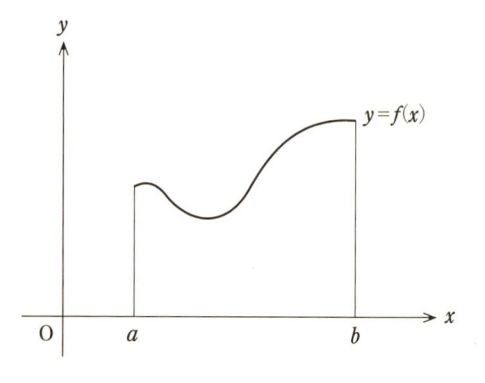

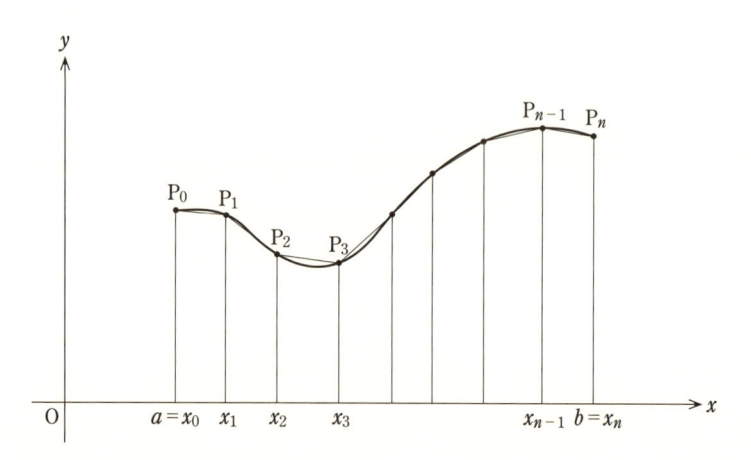

図 4.16

図 4.17

P_i の座標を (x_i, y_i) とすれば，$y_i = f(x_i)$ で，線分 $P_{i-1}P_i$ の長さ $\overline{P_{i-1}P_i}$ は

$$\overline{P_{i-1}P_i} = \sqrt{(x_i - x_{i-1})^2 + \{f(x_i) - f(x_{i-1})\}^2}.$$

である．平均値の定理（定理 3.2.2）により，

$$f(x_i) - f(x_{i-1}) = f'(t_i)(x_i - x_{i-1})$$

となる t_i が区間 $[x_{i-1}, x_i]$ 内にある．よって

$$\overline{P_{i-1}P_i} = \sqrt{1 + \{f'(t_i)\}^2}\,(x_i - x_{i-1})$$

であり，折れ線の長さは

$$\sum_{i=1}^n \overline{P_{i-1}P_i} = \sum_{i=1}^n \sqrt{1 + \{f'(t_i)\}^2}\,(x_i - x_{i-1})$$

となる．分割を無限に細かくするとき，この和は $\ell = \displaystyle\int_a^b \sqrt{1 + \{f'(x)\}^2}\,dx$ に収束する（§4.2 定積分の定義）．

問題 4.4.4.
(1) 放物線 $y = x^2$ の $-1 \leqq x \leqq 1$ の範囲の長さを求めよ．
(2) 曲線 $y = x^{\frac{3}{2}}$ の $0 \leqq x \leqq 4$ の範囲の長さを求めよ．

同様の考察により，曲線がパラメータ表示で

$$\begin{cases} x = \phi(t) \\ y = \psi(t) \quad (t \text{ はパラメータ}) \end{cases}$$

と与えられているときは，$\alpha \leqq t \leqq \beta$ の範囲にある曲線の長さは

$$\ell = \int_\alpha^\beta \sqrt{\{\phi'(t)\}^2 + \{\psi'(t)\}^2}\,dt$$

で与えられることがわかる．

問題 4.4.5. 半径 r の円のパラメータ表示は

$$x = r\cos\theta,\ y = r\sin\theta$$

である．これから半径 r の円周を求めよ．

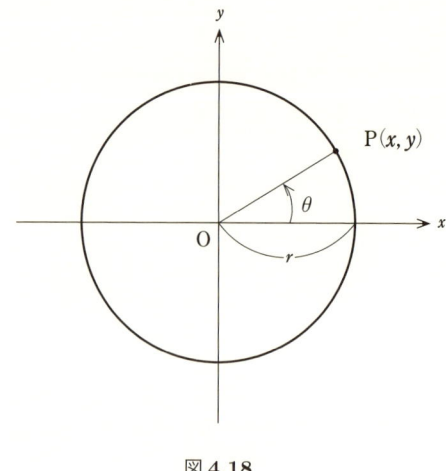

図 4.18

問題 4.4.6. §3.1 のサイクロイド
$$x = a\theta_0 t - a\sin\theta_0 t, \ y = a - a\cos\theta_0 t$$
の 1 サイクル分の弧長を求めよ．

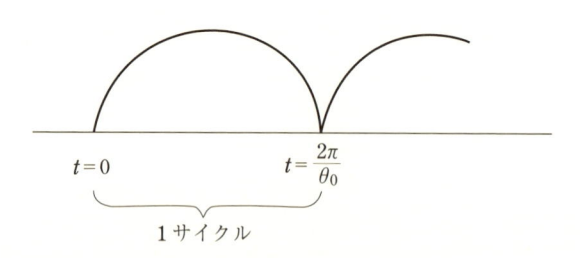

図 4.19

§4.5 曲率

平面上の曲線 $y = f(x)$ があるとする．この曲線上の定点 $P_0(x_0, y_0)$ から曲線上の点 $P(x, y)$ までの曲線長 s が $s = \int_{x_0}^{x} \sqrt{1 + \{f'(x)\}^2}\, dx$ で与えられることは前節で見た．

4.5 曲率

曲線上の点 P における接線の傾きを $\tan\theta$ とし，点 P からこの曲線に沿って Δs だけ移動した点 P′ における接線の傾きを $\tan(\theta + \Delta\theta)$ とする（便宜上，$\Delta\theta$ は正であると考える．もし負の場合は $\Delta\theta$ の代わりに $-\Delta\theta$ をとる）．

$$\kappa = \lim_{\Delta s \to 0} \frac{\Delta\theta}{\Delta s}$$

を点 P におけるこの曲線の曲率という．また逆数 $\rho = \dfrac{1}{\kappa}$ を点 P におけるこの曲線の曲率半径という．κ が $+\infty$ のときは $\rho = 0$，κ が 0 のときは $\rho = +\infty$ と解釈する．

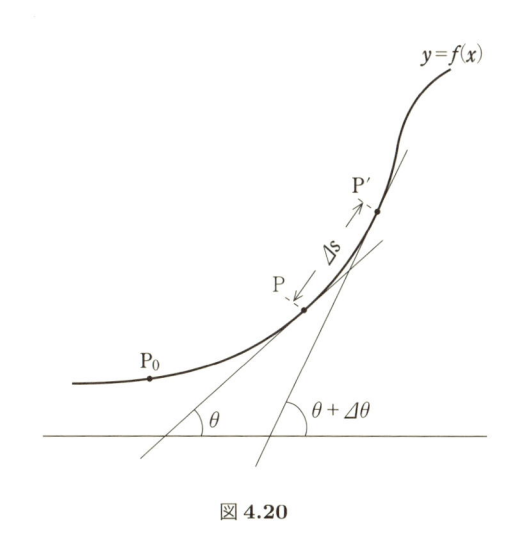

図 4.20

曲率が大きいということは，点と点の間隔に比してそれらの点における接線の方向の変化が大きいということであるから，急なカーブであることを意味する．曲率が小さいということは，緩やかなカーブであることを意味する．曲率が 0 ということは，その点の近くで直線状であることを意味する．

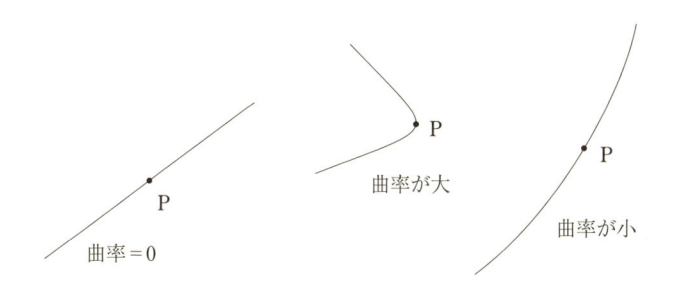

図 4.21

半径 r の円周の場合，図 4.22 のように $\Delta s = r\Delta\theta$ であるから，曲率は $\kappa = \dfrac{1}{r}$，曲率半径は r となる．

このことから一般に，曲線の曲率半径とはその点の近傍を近似的に円周とみたときの半径であると解釈できる．

$$\Delta s = r\,\Delta\theta$$

$$\kappa = \frac{\Delta\theta}{\Delta s} = \frac{1}{r},\ \rho = r$$

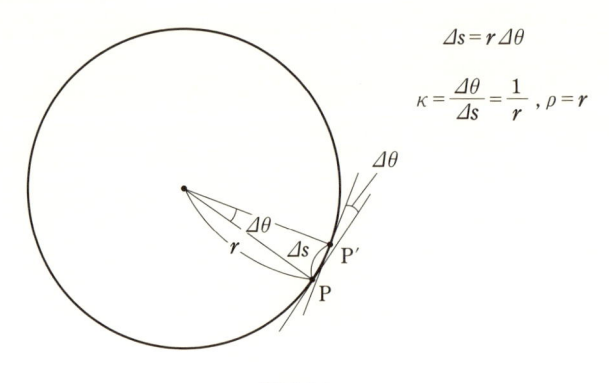

図 4.22

曲線 $y = f(x)$ において $f(x)$ が 2 回微分可能で $y'' = \dfrac{d^2y}{dx^2}$ が連続であるとする．曲線上の点 P_0 における曲率を κ とすると，

$$\kappa = \lim_{\Delta s \to 0} \frac{\Delta\theta}{\Delta s} = \frac{d\theta}{ds}.$$

$\tan\theta = \dfrac{dy}{dx}$ を s で微分すると，$\dfrac{d}{ds}\tan\theta = \dfrac{d}{ds}\dfrac{dy}{dx}$ となる．ここで，

$$\frac{d}{ds}\tan\theta = \frac{d\theta}{ds}\cdot\frac{d}{d\theta}\tan\theta = \frac{d\theta}{ds}\cdot\frac{1}{\cos^2\theta} = \frac{dx}{ds}\cdot\frac{d^2y}{dx^2},$$

$$\frac{ds}{dx} = \sqrt{1 + \{f'(x)\}^2}$$

であるから，

$$\kappa = \frac{d\theta}{ds} = (\sqrt{1 + \{f'(x)\}^2})^{-1}\cdot\frac{d^2y}{dx^2}\cdot\cos^2\theta.$$

$$\cos^2\theta = \frac{1}{1 + \tan^2\theta} = \frac{1}{1 + \{f'(x)\}^2}$$

であるから，

$$\kappa = \frac{\dfrac{d^2y}{dx^2}}{[1 + \{f'(x)\}^2]^{\frac{3}{2}}}$$

となる．

問題 4.5.1. 次の曲線上の点 (x, y) における曲率を求めよ．
(1) $y = x^2$ 　　(2) $y = \dfrac{a}{2}(e^{\frac{x}{a}} + e^{-\frac{x}{a}})$ 　　(a は正の定数)
(3) $y = \dfrac{a}{x}$ 　　(a は正の定数)

▲▽▲▽▲▽▲▽▲▽▲　章末問題 4　▲▽▲▽▲▽▲▽▲▽▲

1. (1) p, q を正の数とする．異常積分
$$B(p, q) = \int_0^1 x^{p-1}(1-x)^{q-1} dx$$
は収束することを示せ．
(2) p, q が正の整数であれば
$$B(p, q) = \frac{(p-1)!(q-1)!}{(p+q-1)!}$$
であることを示せ．

2. a を正の定数とする．
(1) 曲線 $r = a(1 + \cos\theta)$ の概形を描け．
(2) 上の図形の面積を求めよ．

3. §4.2 の Schwarz の不等式から，実数 $a_1, a_2, \cdots, a_n$ に関する不等式
$$(a_1 b_1 + a_2 b_2 + \cdots + a_n b_n)^2 \leq (a_1{}^2 + a_2{}^2 + \cdots + a_n{}^2)(b_1{}^2 + b_2{}^2 + \cdots + b_n{}^2)$$
が導かれることを示せ（この不等式も **Schwarz** の不等式とよばれる）．

4. 不定積分 $\int \dfrac{dx}{2x}$ $(x > 0)$ を P 君は次のように求めた．
$$\text{与式} = \frac{1}{2} \int \frac{dx}{x} = \frac{1}{2} \log x + C$$
同じ不定積分を Q 君は次のように求めた．
$2x = t$ とおくと，$\dfrac{dt}{dx} = 2, \dfrac{dx}{dt} = \dfrac{1}{2}$ だから，
$$\text{与式} = \int \frac{1}{t} \cdot \frac{dx}{dt} dt = \int \frac{1}{t} \cdot \frac{1}{2} dt$$
$$= \frac{1}{2} \log t = \frac{1}{2} \log(2x) + C$$
同じものを計算して結果が違うのはなぜか考えよ．

5. (1) 関数 $f(x) = \dfrac{1}{x^4 + 1}$ のグラフの概形を描け．
(2) xy 平面上，上の関数のグラフと，x 軸と，直線 $x = a$，および直線 $x = b$ $(a < b)$ で囲まれた部分の面積を求めよ．

6. 次の不定積分を求めよ．
(1) $\displaystyle\int \sqrt{a + x^2}\, dx$　(2) $\displaystyle\int \sqrt{a - x^2}\, dx\ (a > 0)$
(3) $\displaystyle\int \frac{x^2 - 1}{x^4 + x^3 + x^2}\, dx$　(4) $\displaystyle\int \frac{dy}{\cos^2(3y - 1)}$

5 ●偏微分

　ここまでは変数が1つの関数を扱ってきた．$y = f(x)$ において，y の値は x の値のみによって決まる．しかし世のなかには2つ以上の独立な変数によって値が決まるものもある．たとえば山のなかに水平に座標を固定して，原点から水平に東に x メートル，北に y メートルの地点の高さ h は x と y の関数 $h = f(x, y)$ として表されるであろう．

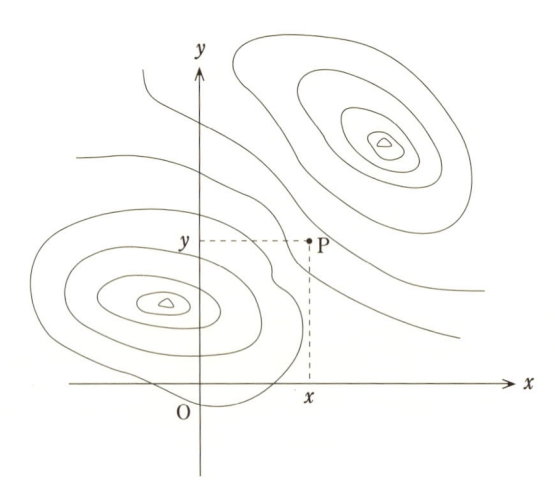

図 5.1

　そこで以下においては，このように複数の独立な変数をもつ関数を扱う．その準備として，平面の位相（トポロジー）について説明する．

§5.1 平面上の位相

平面上の点 P の位置は xy 座標により (x, y) で表すことができる．この意味で，平面を $\boldsymbol{R}^2$ という記号で表す．

xy 平面上の 2 点 $\mathrm{P}(x_1, y_1)$, $\mathrm{Q}(x_2, y_2)$ 間の距離は Pythagoras の定理により
$$\sqrt{(x_1 - x_2)^2 + (y_1 - y_2)^2}$$
で表される．

以下，この 2 点 P, Q 間の距離を $\rho(\mathrm{P}, \mathrm{Q})$ で表すことにする．この $\rho(\mathrm{P}, \mathrm{Q})$ は次のような性質をもっている．

(1) $\rho(\mathrm{P}, \mathrm{Q})$ は負でない実数値であり，$\rho(\mathrm{P}, \mathrm{Q}) = 0$ となるのは P = Q のときに限る．

(2) $\rho(\mathrm{P}, \mathrm{Q}) = \rho(\mathrm{Q}, \mathrm{P})$

(3) 3 点 P, Q, R に対してつねに
$$\rho(\mathrm{P}, \mathrm{Q}) + \rho(\mathrm{Q}, \mathrm{R}) \geqq \rho(\mathrm{P}, \mathrm{R})$$
となる（三角不等式）．

距離の本質はこれら 3 つの性質に集約されるので，上の (1)-(3) をみたす関数は距離関数とよばれる．

点 A を平面 $\boldsymbol{R}^2$ 上の定点とし，ε を正の数とするとき，$\rho(\mathrm{A}, \mathrm{P}) < \varepsilon$ をみたす平面の点 P の全体を $U(\mathrm{A}, \varepsilon)$ で表し，これを点 P の ε 近傍という．

M を平面の部分集合とする．M に属する任意の点 P に対して，$U(\mathrm{P}, \varepsilon) \subseteq M$ となる正の数 ε が存在するとき，M は開集合であるという．

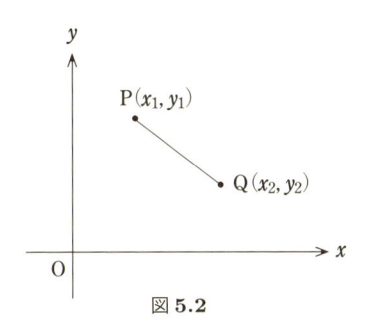

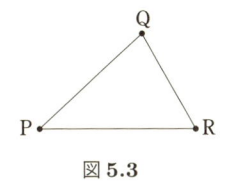

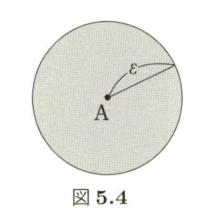

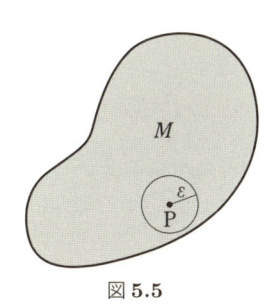

図 5.2

図 5.3

図 5.4

図 5.5

例　A を平面上の定点，r は正の数とし，点 A を中心とする半径 r の円の内部（周は含まない）を M とする．この M は開集合である．

$\rho(A, P) < r$ をみたす平面上の点 P の全体が M である．P を M の任意の点とすると，$\rho(A, P) < r$ であるから，$0 < \varepsilon < r - \rho(A, P)$ をみたす正の数 ε が存在する．このとき，$U(P, \varepsilon) \subseteq M$ である．なぜなら，Q を $U(P, \varepsilon)$ の任意の点とすると，$\rho(P, Q) < \varepsilon$ である．距離の性質 (3) により，

$$\rho(A, Q) \leqq \rho(A, P) + \rho(P, Q) < \rho(A, P) + \varepsilon < r,$$

したがって，$Q \in M$ である．$U(P, \varepsilon)$ の任意の点は M に属するのであるから，$U(P, \varepsilon) \subseteq M$ である．

同様の考察により，長方形の内部，三角形の内部，楕円の内部などもそれぞれ開集合であることがわかる．

ある集合が開集合であるということはその形によるのではなくて，「境界を含まない」というところが本質的なのである．同様に，円の外部（外側），長方形の外部，三角形の外部，楕円の外部などもそれぞれ開集合である．

> 問題 5.1.1.
> (1) 上に挙げた集合がいずれも開集合であることを示せ．
> (2) 平面から 1 点 A を除いた残りは開集合であることを示せ．

平面 $\boldsymbol{R}^2$ の部分集合 M に対して，M^c は平面全体から M を除いた残りの部分を表す（§1.4 で述べた補集合）．

平面の部分集合 M について，M^c が開集合であるとき，M は閉集合であるという．

例　A を平面上の定点，r は正の数とし，点 A を中心とする半径 r の円の周および内部を M とする．この M は閉集合である（先の例と同様にして，M^c が開集合であることを示すことができる）．

長方形の周および内部，三角形の周および内部，楕円の周および内部，円の周および外部，長方形の周および外部，三角形の周および外部，楕円の周および外部はそれぞれ閉集合である．

開集合の場合と同様に，ある集合が閉集合であるということはその形によるのではなくて，「境界を含む」というところが本質的なのである．

迂遠な定義をせずに，簡単に「開集合とは境界を含まないものであり，閉集合とは境界を含むものである」と定義すればよいではないかと思われるかもしれないが，そうすると「境界とは何か？」という問題が生じて，循環論法に陥る．これを避けるためには，上のように「点の ε 近傍」を定義することから始める必要がある．

注意 (1) R^2 自身，および ϕ（空集合）はそれぞれ開集合であり，かつ閉集合でもある．

(2) 開集合でも閉集合でもない集合がある．たとえば，周の一部だけを含むような集合がそうである．

> 問題 5.1.2.
> (1) M, N がいずれも平面の開集合であれば，$M \cap N$, $M \cup N$ もそれぞれ開集合であることを証明せよ．
> (2) M, N がいずれも平面の閉集合であれば，$M \cap N$, $M \cup N$ もそれぞれ閉集合であることを証明せよ．

A は集合で，A の各元 α に対して平面の部分集合 M_α が対応しているとする．このとき，$\bigcap_{\alpha \in A} M_\alpha$ は任意の $\alpha \in A$ について P $\in M_\alpha$ となる平面の点 P 全体の集合を表す（共通部分，§1.4 参照）．また $\bigcup_{\alpha \in A} M_\alpha$ は少なくとも 1 つの $\alpha \in A$ について P $\in M_\alpha$ となる平面の点 P 全体の集合を表す（合併集合，§1.4 参照）．

> 定理 5.1.1.
> (1) $M_1, M_2, \cdots, M_n$ はそれぞれ平面の開集合であるとする．ならば $M_1 \cap M_2 \cap \cdots \cap M_n$ は開集合である．
> (2) A は集合で，A の各元 α について平面の部分集合 M_α は開集合であるとする．ならば $\bigcup_{\alpha \in A} M_\alpha$ は開集合である．
> (3) $M_1, M_2, \cdots, M_n$ はそれぞれ平面の閉集合であるとする．ならば $M_1 \cup M_2 \cup \cdots \cup M_n$ は閉集合である．
> (4) A は集合で，A の各元 α について平面の部分集合 M_α は閉集合であるとする．ならば $\bigcap_{\alpha \in A} M_\alpha$ は閉集合である．

証明 (1) と (3) は,問題 5.1.2 を繰り返し使う.

(2) $\bigcup_{\alpha \in A} M_\alpha$ から任意の点 P をとる.$P \in M_\alpha$ となる $\alpha \in A$ が存在する.M_α は開集合であるから,$U(P, \varepsilon) \subseteq M_\alpha$ となる正の数 ε が存在する.このとき $U(P, \varepsilon) \subseteq \bigcup_{\alpha \in A} M_\alpha$ であるから,$\bigcup_{\alpha \in A} M_\alpha$ は開集合である.

(4) は (2) と §1.4 で述べた De Morgan の法則 $\left(\bigcap_{\alpha \in A} M_\alpha \right)^c = \bigcup_{\alpha \in A} M_\alpha^c$ から従う.

平面の部分集合 M があるとする.一般には,M は一般に開集合でも閉集合でもないかもしれないが,M に含まれる最大の開集合を次のようにつくることができる.

P が M の**内点**であるとは,ある正の数 ε が存在して $U(P, \varepsilon) \subseteq M$ となることをいう.

P が M の**外点**であるとは,ある正の数 ε が存在して $U(P, \varepsilon) \subseteq M^c$ となることをいう.

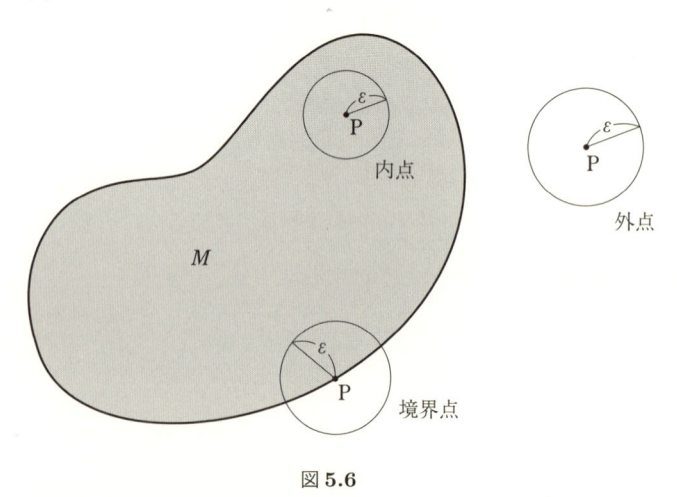

図 5.6

P が M の内点でも外点でもないとき，P は M の境界点であるという．P が M の境界点であることは，任意の正の数 ε に対して

$$U(\mathrm{P},\varepsilon) \cap M \neq \phi,\ U(\mathrm{P},\varepsilon) \cap M^c \neq \phi$$

となることと同値である．

平面の部分集合 M に対して，平面上の点は M の内点であるか，M の外点であるか，M の境界点であるかのいずれかである．

例 原点 O を中心とする円を考え，この円の内部に周の上半分だけを加えた部分を M とする（x 軸上の2点は M に入れてもよいし，入れなくれもよい）．この集合 M は開集合でもないし，閉集合でもない．

円の内部にある点 P に対しては，十分小さい正の数 ε をとれば $U(\mathrm{P},\varepsilon) \subseteq M$ となる．したがって，円の内部にある点は M の内点である．

円の外部にある点 P に対しては，十分小さい正の数 ε をとれば $U(\mathrm{P},\varepsilon) \subseteq M^c$ となる．したがって，円の外部にある点は M の外点である．

円周上の点 P に対しては，ε がいかに小さい正の数であっても $U(\mathrm{P},\varepsilon)$ は M と M^c の双方に掛かっている．したがって，円の周上の点は M の境界点である．

集合 M に対して，M の内点全体の集合を $I(M)$ で，M の外点全体の集合を $E(M)$ で，また M の境界点全体の集合を $\partial(M)$ で表すことにする．

定理 5.1.2.
(1) $I(M)$ と $E(M)$ はそれぞれ開集合である．
(2) $\partial(M)$ は閉集合である．

証明 (1) $I(M)$ から任意に点 P をとる．内点の定義より，ある正の数 ε が存在して $U(\mathrm{P},\varepsilon) \subseteq M$ となる．このとき，$U(\mathrm{P},\varepsilon) \subseteq I(M)$ である．実際，$U(\mathrm{P},\varepsilon)$ の任意の点を Q とすると，$U(\mathrm{P},\varepsilon)$ は開集合であるから，ある正の数 δ が存在して $U(\mathrm{Q},\delta) \subseteq U(\mathrm{P},\varepsilon) \subseteq M$ である．したがって，$\mathrm{Q} \in I(M)$．よって，$I(M)$ は開集合である．

$E(M)$ についても同様．

(2) $\partial(M) = (I(M) \cup E(M))^c$, (1) により $I(M) \cup E(M)$ は開集合であるから, $\partial(M)$ は閉集合である.

> **問題 5.1.3.**
> (1) 平面の部分集合 M が開集合であることは, $I(M) = M$ と同値であることを証明せよ.
> (2) 平面の部分集合 M が閉集合であることは, $\partial(M) \subseteq M$ と同値であることを証明せよ.

§5.2 多変数の関数

xy 平面上にある点の列

$$\{P_n\}_{n=1}^{\infty} = \{P_1, P_2, \cdots, P_n, \cdots\}$$

を平面の点列という.

平面上の定点 A について $\rho(P_n, A) \to 0 \ (n \to \infty)$ であるとき, 点列 $\{P_n\}_{n=1}^{\infty}$ は点 A に収束するといい,

$$P_n \to A \ (n \to \infty) \quad \text{または} \quad \lim_{n \to \infty} P_n = A$$

と表す.

点列 $\{P_n\}_{n=1}^{\infty}$ がいかなる点にも収束しないとき, この点列は発散するという.

点 P_n の座標が (x_n, y_n) で与えられているとき, 点列 $\{P_n\}_{n=1}^{\infty}$ が定点 $A(a,b)$ に収束することは,

$$x_n \to a \ (n \to \infty) \text{ かつ } y_n \to b \ (n \to \infty)$$

と同値である.

例 点 P_n の座標が $\left(1 + \dfrac{1}{n}, 2 + \dfrac{1}{\sqrt{n}}\right)$ で与えられているとすると, $P_n \to (1, 2) \ (n \to \infty)$.

> **問題 5.2.1.** 次の式で与えられる xy 平面上の点列 $\{P_n\}_{n=1}^{\infty}$ は収束するか, 発散するか, またもし収束するならばいかなる点に収束するか答えよ.
> (1) $P_n \left(\dfrac{n+1}{n}, \dfrac{-n^2 + \sqrt{n}}{n^2}\right)$ (2) $P_n \left(\dfrac{(-1)^n}{n}, (-1)^n\right)$
> (3) $P_n \left(\dfrac{(-1)^n}{\sqrt{n}}, \dfrac{(-1)^n}{n}\right)$ (4) $P_n \left(\dfrac{1}{n}\cos\dfrac{n\pi}{4}, 1 + \dfrac{1}{n}\sin\dfrac{n\pi}{4}\right)$

5.2 多変数の関数　113

　平面の部分集合 M があって，点列 $\{P_n\}_{n=1}^{\infty}$ の各点 P_n は M に属しているとする．P_n が定点 A に収束する場合，必ずしも点 A も M に属するとは限らない．

定理 5.2.1. M は平面の部分集合，$\{P_n\}_{n=1}^{\infty}$ は平面の点列で，$P_n \to A\ (n \to \infty)$ とする．このとき点 A は M の内点であるか，境界点であるかのいずれかである．

証明　点 A は M の外点ではないことを示せばよい．仮に，点 A が M の外点であると仮定する．正の数 ε で $U(A, \varepsilon) \subseteq M^c$ となるものが存在する．一方，$\rho(P_n, A) \to 0\ (n \to \infty)$ であるから，上の ε に対して，

$$n > N \text{ ならば } \rho(P_n, A) < \varepsilon$$

となる自然数 N が存在する．このとき $\rho(P_{N+1}, A) < \varepsilon$ となる．これは点 P_{N+1} が $U(A, \varepsilon)$ 内に存在することになり，$U(A, \varepsilon) \subseteq M^c$ に反する．よって点 A は M の外点ではありえない．

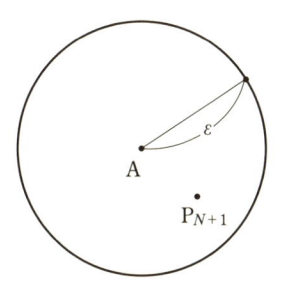

図 5.7

　平面の部分集合 M が有界であるとは，ある正の数 a が存在して，M に属する点 $P(x, y)$ がすべて

$$|x| \leqq a,\ |y| \leqq a$$

で表される正方形内に入っていることである．

　§2.1 の定理 2.1.1 と同様，点列 $\{P_n\}_{n=1}^{\infty}$ は，もし収束するならば有界である．

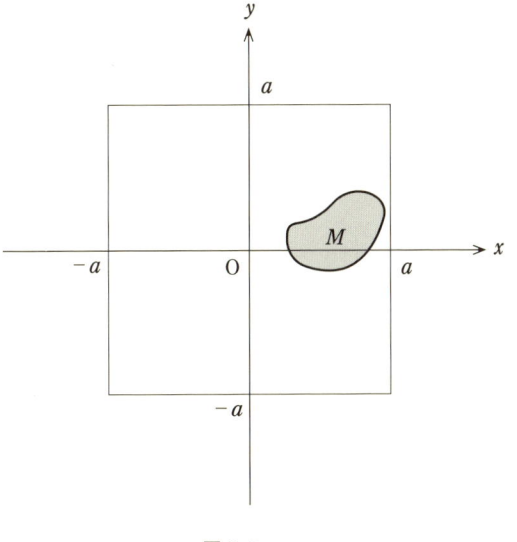

図 5.8

点列 $\{P_n\}_{n=1}^{\infty}$ があるとする．$n_1 < n_2 < \cdots < n_i < \cdots$ を自然数の増大列とするとき，
$$\{P_{n_i}\}_{i=1}^{\infty} = \{P_{n_1}, P_{n_2}, \cdots, P_{n_i}, \cdots\}$$
を点列 $\{P_n\}_{n=1}^{\infty}$ の部分列という．

定理 2.1.3 と同様にして，もし点列 $\{P_n\}_{n=1}^{\infty}$ が有界であれば，この部分列 $\{P_{n_i}\}_{i=1}^{\infty}$ で収束するものが存在することが示される．

■ **2 変数の関数** ■ D は xy 平面のある部分集合とする．D に属する各点 $P(x,y)$ に対して実数 z が対応するとき，z は x と y の関数である（または，z は点 P の関数である）といい，これを
$$z = f(x,y) \quad \text{または} \quad z = f(P)$$
と表す．D をこの関数の定義域といい，x, y を独立変数，z を従属変数（x,y に従属する変数）という．

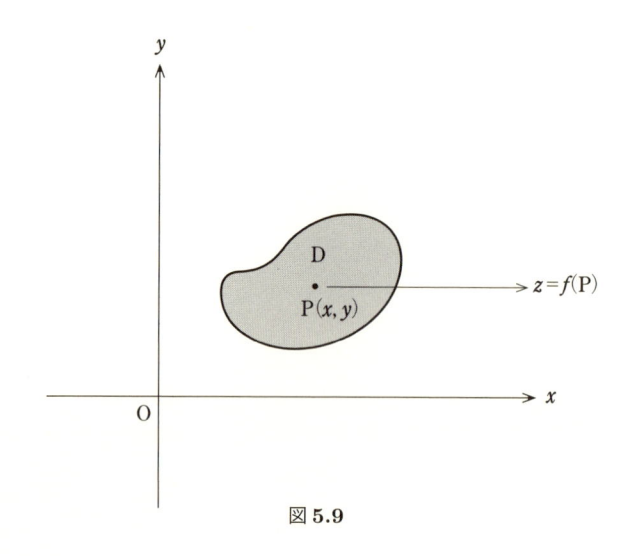

図 5.9

例 (1) 関数 $f(x,y) = \sqrt{1 - x^2 - y^2}$ の定義域は不等式 $x^2 + y^2 \leqq 1$ で表される範囲（原点を中心とする半径 1 の円の内部および周）である．

(2) 関数 $f(x,y) = xy - 1$ の定義域は xy 平面全体である．

問題 5.2.2.　関数 $f(x,y) = \sqrt{1-x^2-y^2}$ について以下の問いに答えよ.
(1) $f(1,0)$, $f(0,1)$, $f\left(\dfrac{1}{2}, \dfrac{1}{2}\right)$, $f\left(-\dfrac{1}{2}, \dfrac{1}{2}\right)$ を求めよ.
(2) $f(x,y) = \dfrac{1}{2}$ であるとき x, y のあいだにはいかなる関係式が成り立つか.
(3) $f(x,0) = g(x)$ として，導関数 $g'(x)$ を求めよ．また，$f(y,y) = h(y)$ として，導関数 $h'(y)$ を求めよ．

2変数の場合にも，定義域は絶対的なものではなく，人為的に変更することもできる (§2.3参照)．

1変数の関数 $y = f(x)$ について，$y = f(x)$ という関係式をみたす xy 平面上の点 (x,y) の集合が一般に曲線となるのに対して，2変数の関数 $z = f(x,y)$ については，$z = f(x,y)$ という関係をみたす空間の点 (x,y,z) の集合は空間内の曲面になる（図 5.10）．これを関数 $f(x,y)$ のグラフという．xy 平面への射影が (x,y) である点の高さ（xy 平面を 0 とした）が $z = f(x,y)$ で与えられていると考えるとよい．

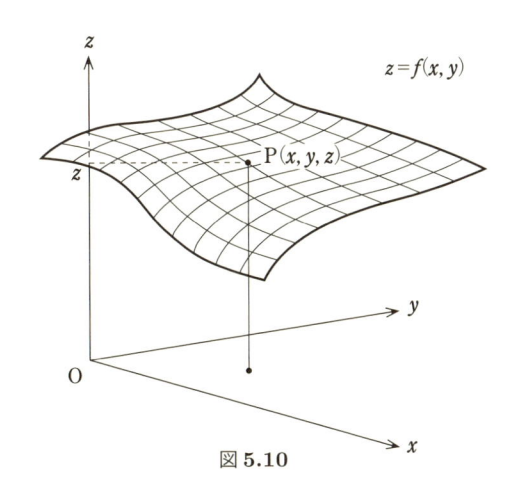

図 5.10

問題 5.2.3.　次の関数のグラフを立体的に描いてみよ．
(1) $f(x,y) = x - 3y$　　(2) $f(x,y) = \sqrt{1-x^2-y^2}$
(3) $f(x,y) = x^2 + y^2$

点 A は平面上の定点とする．2変数の関数 $f(x,y)$ が「点 A の近傍で定義されている」とは，ある正の数 ε が存在して点 A の ε 近傍 $U(A, \varepsilon)$ が $f(x,y)$ の定義域に含まれること

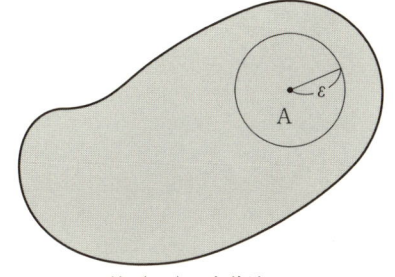

関数 $f(x,y)$ の定義域
図 5.11

を意味する．

関数 $f(x,y)$ が「点 A の，点 A を除く近傍で定義されている」というのは，ある正の数 ε が存在して，点 A の ε 近傍 $U(A,\varepsilon)$ から点 A を除いた部分が $f(x,y)$ の定義域に含まれることを意味する（点 A では関数 $f(x,y)$ は定義されていてもいなくてもどちらでもよい）．

関数 $f(x,y) = x+y$ が原点 $O(0,0)$ の近傍で定義されているとする．点 $P(x,y)$ が原点に近づくとき，対応する f の値 $f(P) = x+y$ は 0 に近づく．これを極限値という．

一般に，次のように極限値を定義する．

関数 $f(x,y)$ は平面上の定点 $A(a,b)$ の，点 A を除く近傍で定義されているとする．

任意の正の数 ε に対して，ある正の数 δ が存在して，$0 < \rho(P,A) < \delta$ をみたす任意の点 $P(x,y)$ について $|f(P) - c| < \varepsilon$ となるとき，点 P が点 A に近づくときの $f(x,y)$ の極限値は c であるといい，これを

$$f(x,y) \to c \ ((x,y) \to (a,b)),$$

または

$$f(P) \to c \ (P \to A),$$

または

$$\lim_{(x,y)\to(a,b)} f(x,y) = c,$$

または

$$\lim_{P \to A} f(P) = c$$

と表す（点 P は点 A に近づくが，A と重なることはない）．

$f(x,y) \to c \ ((x,y) \to (a,b))$ は次のようにいいかえることもできる．

「任意の正の数 ε に対して，ある正の数 δ が存在して，$|x-a| < \delta$，$|y-b| < \delta$，$(x,y) \neq (a,b)$ である任意の点 $P(x,y)$ について $|f(P) - c| < \varepsilon$ となる」

上の定義に従って，たとえば
$$f(x,y) = x+y \to 0 \quad ((x,y) \to (0,0))$$
であることが，次のように示される．

ε を任意の正の数とする．δ を $0 < \delta < \dfrac{\varepsilon}{2}$ をみたす正の数とすると，$|x| < \delta$, $|y| < \delta$ のとき，
$$|f(x,y) - 0| = |x+y| \leqq |x| + |y| < 2\delta < \varepsilon$$
である．よって $f(x,y) \to 0 \ ((x,y) \to (0,0))$．

上で正の数 ε に対して $0 < \delta < \dfrac{\varepsilon}{2}$ をみたす δ を考えたのには，1 変数の場合と同様な舞台裏がある（§2.1 参照）．

> 問題 **5.2.4.**
> (1) 関数 $f(x,y) = x + 2y$ について $f(x,y) \to 3 \quad ((x,y) \to (1,1))$ を示せ．
> (2) 関数 $g(x,y) = \dfrac{x^2 - 2y^2}{\sqrt{x^2+y^2}}$ は，原点の，原点を除く近傍で定義されているものとする．$g(x,y) \to 0 \ ((x,y) \to (0,0))$ を示せ．

関数 $f(x,y) = \dfrac{y^2}{x^2+y^2}$ は原点の，原点を除く近傍で定義されているものとする．点 $\mathrm{P}(x,y)$ が直線 $y = mx$ 上にあるときは，
$$f(x,mx) = \frac{(mx)^2}{x^2 + (mx)^2}$$
$$= \frac{m^2}{1+m^2} \quad (x \neq 0)$$
である．ここで $\dfrac{m^2}{1+m^2}$ の値は m の値によって異なる定数であるから，極限値 $\lim\limits_{\mathrm{P} \to \mathrm{O}} f(x,y)$ は存在しないことがわかる（直線 $y = mx$ の向きによって値が異なる）．

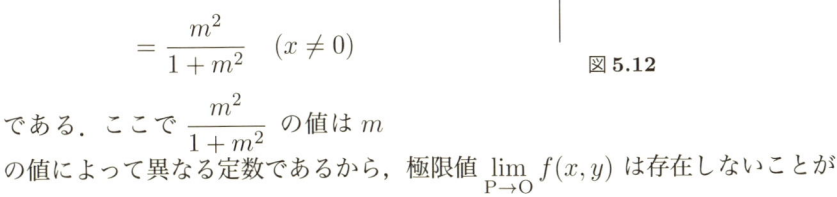

図 **5.12**

■ 連続性 ■ 1変数の場合と同様にして，2変数関数の連続性の概念が定義される．

関数 $z = f(x,y)$ は点 $A(a,b)$ の近傍で定義されているとする．$z = f(x,y)$ が点 $A(a,b)$ において連続であるというのは，次の条件がみたされることである．

(1) 極限値 $\lim_{(x,y)\to(a,b)} f(x,y)$ が存在し，

(2) その極限値が $f(a,b)$ に等しい．

これは次のようにいいかえることができる．

「任意の正の数 ε に対してある正の数 δ が存在して，$\rho(P, A) < \delta$ をみたす ($f(x,y)$ の定義域内の) 任意の点 P について $|f(P) - f(A)| < \varepsilon$ となる」

次のようにいいかえることもできる．

「任意の正の数 ε に対してある正の数 δ が存在して，$|x - a| < \delta$, $|y - b| < \delta$ をみたす任意の ($f(x,y)$ の定義域内の) 点 (x,y) について $|f(x,y) - f(a,b)| < \varepsilon$ となる」

平面の部分集合 D で定義された関数 $f(x,y)$ が D の任意の点 P で連続であるとき，$f(x,y)$ は D において連続であるという．

定理 2.4.1 と同様に，次のことが示される．

定理 5.2.2. $f(x,y), g(x,y)$ は D を定義域とする関数であるとする．
(I) $f(x,y), g(x,y)$ が D 内の点 P において連続ならば，
$$f(x,y) \pm g(x,y), \quad kf(x,y) \ (k は定数), \quad f(x,y)g(x,y)$$
はそれぞれ P において連続である．

さらに，点 P の近傍で $g(x,y) \neq 0$ ならば，関数 $\dfrac{f(x,y)}{g(x,y)}$ は点 P において連続である．
(II) $f(x,y), g(x,y)$ が D 内の点 P において連続，$a = f(P)$, $b = g(P)$ で，点 (a,b) の近傍で定義された関数 $h(x,y)$ が点 (a,b) において連続ならば，関数 $z = h(f(x,y), g(x,y))$ は点 P において連続である．

$f(x,y)$ は D を定義域とする関数であるとし，点 A は D 内の点とする．

$f(\mathrm{A})$ が極大値（極小値）であるとは，点 A のある ε 近傍 $U(\mathrm{A},\varepsilon)$ が存在して，$U(\mathrm{A},\varepsilon)$ 内の任意の（$f(x,y)$ の定義域内にある）点 P について $f(\mathrm{A}) \geqq f(\mathrm{P})$ （$f(\mathrm{A}) \leqq f(\mathrm{P})$）となることをいう．

$f(\mathrm{A})$ が強い意味の極大値（強い意味の極小値）であるとは，点 A のある近傍 $U(\mathrm{A},\varepsilon)$ が存在して，$U(\mathrm{A},\varepsilon)$ 内の，A 以外の任意の（$f(x,y)$ の定義域内にある）点 P について $f(\mathrm{A}) > f(\mathrm{P})$ （$f(\mathrm{A}) < f(\mathrm{P})$）となることをいう．

$f(\mathrm{A})$ が D における最大値（最小値）であるとは，D 内の任意の（$f(x,y)$ の定義域内にある）点 P について $f(\mathrm{A}) \geqq f(\mathrm{P})$ （$f(\mathrm{A}) \leqq f(\mathrm{P})$）となることをいう．

定理 2.4.6 と同様に，次の定理が成り立つ．

定理 5.2.3. D が平面上の有界閉集合であれば，D 上で連続な関数 $f(x,y)$ は D において最大値と最小値をとる．

問題 5.2.5. $0 \leqq x \leqq 1$, $0 \leqq y \leqq 1$ で表される領域 D において関数
$$f(x,y) = 2x + y$$
の最大値と最小値を求めよ．

中間値の定理（定理 2.4.4）に対応するものを多変数で考える場合には，次に述べる連結性ということを考慮する必要がある．

実数の閉区間 $[0,1]$ から平面 $\boldsymbol{R}^2$ への連続写像 σ を道（path）という．ここで連続写像とは，閉区間 $[0,1]$ に属する各実数 t に対して平面上の点 $\mathrm{P}(t) = (x(t), y(t))$ を対応させる写像 σ で，成分 $x(t), y(t)$ が t の連続関数となっているものを意味する．

例 $\mathrm{A}(a_1, a_2)$, $\mathrm{B}(b_1, b_2)$ を平面上の定点とする．実数 t に対して，線分 AB を $t : (1-t)$ に内分する点を $\mathrm{P}(t)$ とすると，$\mathrm{P}(t)$ の座標 $(x(t), y(t))$ は $x(t) = b_1 t + a_1(1-t)$, $y(t) = b_2 t + a_2(1-t)$ で表される．これらは t の連続関数であ

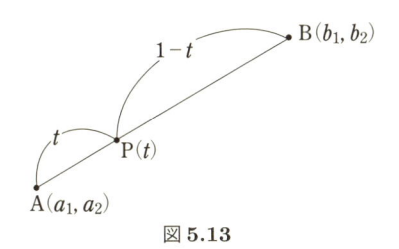

図 5.13

る．したがって，実数 t に対して $\mathrm{P}(t)$ を対応させる写像 $\sigma: t \longmapsto \mathrm{P}(t)$ は道である．この例は直線状の道であるが，曲線状の道もありうる．

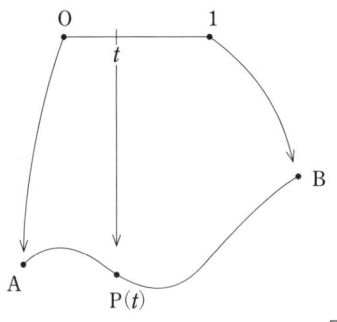

点Aと点Bを結ぶ道．
$t=0$ には点A，$t=1$ には点Bが対応する．

図 5.14

σ が道で，実数 0 には平面上の点 A が，実数 1 には平面上の点 B が対応するとき，この道 σ は点 A と点 B を結ぶ道であるという．

平面の部分集合 M が図 5.15 のような図形であれば，M 内の任意の 2 点 A, B は M 内の道で結ばれる．A, B の間に M に属さない部分があっても迂回する道が存在する．このような場合に，M は連結な集合であるという．

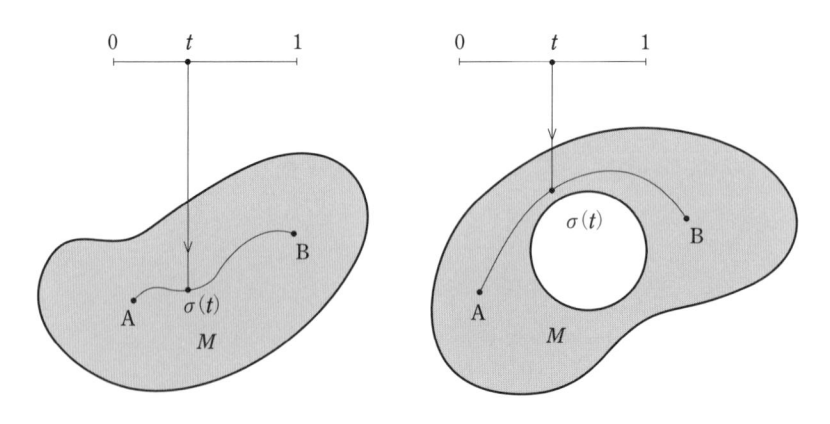

図 5.15

しかし図 5.16 のように M が 2 つ以上の成分からなる場合は，必ずしも M 内の 2 点 A, B が M 内の道で結ばれるとは限らない．このような場合には，M は非連結な集合であるという．

正確な定義は次のとおりである．M を平面の部分集合とする．M が連結であるとは，M に属する任意の 2 点 A, B に対して A と B を結ぶ道が存在することである．

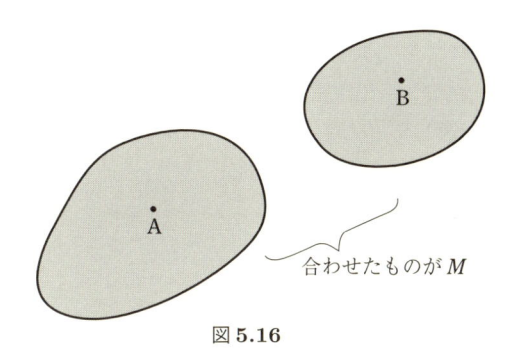

図 5.16

問題 5.2.6. 点 A(1,0)，点 B(0,2) を xy 平面上の 2 点とする．
(1) $0 \leq t \leq 1$ である実数 t について，線分 AB を $t : (1-t)$ に内分する点を P(t) とする．点 P(t) の座標を求めよ．
(2) $g(x,y) = x^2 + 3y$ を平面上で定義された関数とする．$f(t) = g(\mathrm{P}(t))$ を求めよ．
(3) $f(t) = \dfrac{22}{9}$ となる t $(0 \leq t \leq 1)$ の値を求めよ．

定理 5.2.4.（多変数の中間値の定理） D は平面の連結な部分集合とし，$f(x,y)$ は D 上で定義された連続な関数とする．点 A, B は D 内の 2 点とする．ならば $f(\mathrm{A})$ と $f(\mathrm{B})$ の間にある任意の値 c （$f(\mathrm{A}) \leq c \leq f(\mathrm{B})$ または $f(\mathrm{B}) \leq c \leq f(\mathrm{A})$）に対して，$f(\mathrm{P}) = c$ となる D 内の点 P が存在する．

証明 D は連結であるから，実数の区間 $[0,1]$ から D への連続写像 σ で，$\sigma(0) = \mathrm{A}$, $\sigma(1) = \mathrm{B}$ をみたすものが存在する．$g(t) = f(\sigma(t))$ で定義される関数 $g(t)$ は区間 $[0,1]$ で定義された連続関数であって，$g(0) = f(\mathrm{A})$, $g(1) = f(\mathrm{B})$ である．したがって，中間値の定理 (定理 2.4.4) により，$f(\mathrm{A})$ と $f(\mathrm{B})$ の間にある任意の値 c に対して，$g(t_0) = c$ をみたす実数 t_0 が存在する．$\sigma(t_0) = \mathrm{P}$ とすれば，$f(\mathrm{P}) = c$ である．

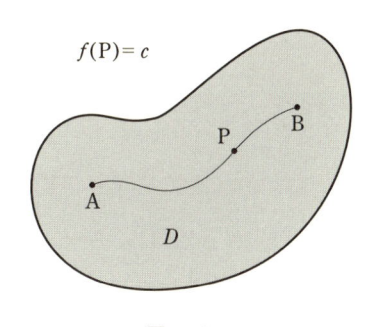

図 5.17

例　関数 $f(x,y) = x^2 + y^2 - 1$ について，xy 平面上で $f(x,y) > 0$ となる領域，$f(x,y) < 0$ となる領域，$f(x,y) = 0$ となる領域を図示せよ．

解　関数 $f(x,y)$ は平面全体で定義されていて，連続である．$f(x,y) = 0$ となるのは点 (x,y) が図 5.19 の円周上にあるときである．

原点 $(0,0)$ において f の値は $f(0,0) = -1 < 0$ である．このことから，この円の内側ではつねに $f(x,y) < 0$ であることがわかる．なぜなら，円の内側にある任意の点を P とする．原点と点 P を結ぶ，円周とは交わらない道 σ が存在する (図 5.18)．

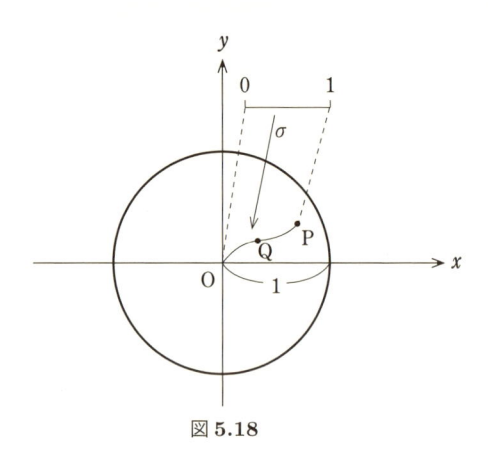

図 5.18

仮に $f(\mathrm{P}) > 0$ とすると，定理 5.2.4 ならびにその証明から，この道の途中にある点 Q において $f(\mathrm{Q}) = 0$ となる．これは矛盾である．したがって，円の内側においてはつねに $f(x,y) < 0$ である．点 $(10, 10)$ はこの円の外側にあって，$f(10, 10) = 199 > 0$ である．したがって，上と同様の考察により，円の外側ではつねに $f(x,y) > 0$ である．以上より，図 5.19 のようになる．

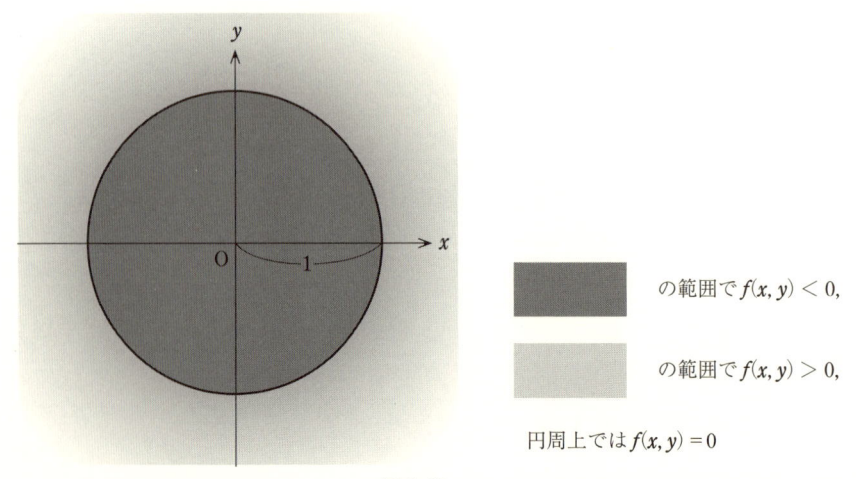

の範囲で $f(x,y) < 0$，

の範囲で $f(x,y) > 0$，

円周上では $f(x,y) = 0$

図 5.19

問題 **5.2.7.** 次の関数 $f(x,y)$ について，xy 平面上で $f(x,y) > 0$ となる領域，$f(x,y) < 0$ となる領域，$f(x,y) = 0$ となる領域を図示せよ．
(1) $f(x,y) = xy - 1$ (2) $f(x,y) = \dfrac{x^2}{2} + \dfrac{y^2}{3} - 1$

問題 **5.2.8.** 関数 $f(x,y)$ は平面全体で定義された連続な関数であるとする．
(1) 平面上の点 (x,y) で $f(x,y) > 0$ をみたすもの全体の集合，また $f(x,y) < 0$ をみたすもの全体の集合はそれぞれ開集合であることを証明せよ．
(2) 平面上の点 (x,y) で $f(x,y) = 0$ をみたすもの全体の集合は閉集合であることを証明せよ．

■ **連続性と一様連続性** ■ 1 変数関数の連続と一様連続の違いは §2.4 で述べた．2 変数の場合は次のようになる．

D は平面の部分集合で，$f(x,y)$ は D において定義された関数とする．$f(x,y)$ が D において連続であるとは，$f(x,y)$ が D 内の任意の点 P において連続であることをいう．すなわち，D に属する任意の点 P と任意の正の数 ε に対して，ある正の数 δ が存在して，
$$\text{Q} \in D,\ \rho(\text{P},\text{Q}) < \delta\ \text{ならば}\ |f(\text{P}) - f(\text{Q})| < \varepsilon$$
となることをいう．

この場合，文脈上点 P と ε が δ に先行している．したがって，上の条件をみたす δ は，点 P と ε に依存する．

$f(x,y)$ が D において **一様連続** であるとは，任意の正の数 ε に対してある正の数 δ が存在して，
$$\text{P, Q} \in D,\ \rho(\text{P},\text{Q}) < \delta\ \text{ならば}\ |f(\text{P}) - f(\text{Q})| < \varepsilon$$
となることをいう．

この場合は，文脈上 δ に先行するのは ε のみである．したがって，上の条件をみたす δ は，ε には依存するが，点 P の位置には依存しない．

定義より，$f(x,y)$ が D において一様連続であれば，$f(x,y)$ は D において連続である．しかし一般には，$f(x,y)$ が D において連続であるからといって D において一様連続であるとは限らない．

定理 2.4.7 と同様に，次の定理が成り立つ．

定理 5.2.5. D は平面の部分集合で，有界な閉集合であるとする．もし関数 $f(x,y)$ が D において連続であるならば，$f(x,y)$ は D において一様連続である．

§5.3 偏導関数

関数 $z = f(x,y)$ が点 $\mathrm{A}(a,b)$ の近傍で定義されているものとする．

極限値
$$\lim_{h \to 0} \frac{f(a+h,b) - f(a,b)}{h}$$
が存在するとき，この極限値を $\dfrac{\partial}{\partial x}f(a,b), \partial_x f(a,b)$ または $f_x(a,b)$ で表し，これを $f(x,y)$ の点 (a,b) における x に関する偏微分係数という．関数 $f(x,y)$ の点 (a,b) における x に関する偏微分係数が存在するとき，$f(x,y)$ は点 (a,b) において x について偏微分可能であるという．

$f(x,y)$ の点 (a,b) における x に関する偏微分係数は，y を $y = b$ に固定して $f(x,y)$ を x の関数と見たときの微分係数である．

同様に，極限値
$$\lim_{h \to 0} \frac{f(a,b+h) - f(a,b)}{h}$$
が存在するとき，この極限値を $\dfrac{\partial}{\partial y}f(a,b), \partial_y f(a,b)$ または $f_y(a,b)$ で表し，これを $f(x,y)$ の点 (a,b) における y に関する偏微分係数という．関数 $f(x,y)$ の点 (a,b) における y に関する偏微分係数が存在するとき，$f(x,y)$ は点 (a,b) において y について偏微分可能であるという．

点 (a,b) において，関数 $f(x,y)$ の x に関する偏微分係数と y に関する偏微分係数とがともに存在するとき，$f(x,y)$ は点 (a,b) において偏微分可能であるという．

平面の部分集合 D において定義された関数 $z = f(x,y)$ が D の各点 (x,y) において x について偏微分可能であるとき，点 (x,y) に対して，その点における x に関する偏微分係数を対応させる関数を，$f(x,y)$ の x に関する偏導関数という．関数 $z = f(x,y)$ の x に関する偏導関数を
$$\frac{\partial}{\partial x}f(x,y), \quad \frac{\partial f}{\partial x}, \quad f_x(x,y), \quad z_x, \quad \text{または } \partial_x f(x,y)$$

で表す．

y に関する偏導関数
$$\frac{\partial}{\partial y}f(x,y),\ \ \frac{\partial f}{\partial y},\ \ f_y(x,y),\ \ z_y,\ \ \text{または}\ \partial_y f(x,y)$$
についても同様である．

例 (1) $$f(x,y) = x^3 + xy^2$$
x に関する偏導関数は，y を定数とみなして x について微分する．
$$\frac{\partial}{\partial x}f(x,y) = 3x^2 + y^2$$
y に関する偏導関数は，x を定数とみなして y について微分する．
$$\frac{\partial}{\partial y}f(x,y) = 2xy$$

(2) $z = \cos(x^3 - y)$ のような場合は，§3.1 で述べた合成関数の微分公式を利用する．

$x^3 - y = t$ とおくと，$z = \cos t$. §3.1 の公式 $\dfrac{dz}{dx} = \dfrac{dt}{dx} \cdot \dfrac{dz}{dt}$ はこの場合（y を固定して x の関数として微分すると思えば），$\dfrac{\partial z}{\partial x} = \dfrac{\partial t}{\partial x} \cdot \dfrac{dz}{dt}$ となる．
$$\frac{\partial t}{\partial x} = 3x^2,\ \ \frac{dz}{dt} = -\sin t$$
であるから，
$$\frac{\partial z}{\partial x} = -3x^2 \sin t = -3x^2 \sin(x^3 - y).$$
同様にして，
$$\frac{\partial z}{\partial y} = \sin(x^3 - y).$$

問題 5.3.1. 次の関数について $\dfrac{\partial f}{\partial x}, \dfrac{\partial f}{\partial y}$ を求めよ．

(1) $f(x,y) = x^4 - axy$ (a は定数)   (2) $f(x,y) = \sin(x^2 - y^3)$

(3) $f(x,y) = \dfrac{ax}{x^2 + y^2}$ (a は定数)   (4) $f(x,y) = \tan^{-1}\dfrac{y}{x}$

(5) $f(x,y) = \sin^{-1}\dfrac{x-y}{x^2 + 3y^2}$ (6) $f(x,y) = \dfrac{1}{\sqrt{x + 2y}}$

(7) $f(x,y) = e^{x - 3y^2}$ (8) $f(x,y) = 2^{x-y}$

(9) $f(x,y) = \log(x^3 - 5y)$ (10) $f(x,y) = \log\dfrac{1}{x + 2y}$

§3.2 で述べた平均値の定理は，2 変数の場合には次のようになる．

定理 5.3.1. (多変数の平均値の定理) 関数 $f(x,y)$ は点 (a,b) の近傍で定義されていて，偏微分可能であるとする．ならば (a,b) の近傍にある点 $(a+h, b+k)$ (h, k は微小な数) について，

$$f(a+h, b+k) - f(a,b) = \frac{\partial f}{\partial x}(a+\theta_1 h, b+k)h + \frac{\partial f}{\partial y}(a, b+\theta_2 k)k$$

となる数 θ_1, θ_2 ($0 < \theta_1, \theta_2 < 1$) が存在する．

この定理から次のことがわかる．

(I) 関数 $f(x,y)$ は点 (a,b) の近傍で偏微分可能であるとする．この近傍において恒等的に $\dfrac{\partial f}{\partial x} = 0$ であることは，$f(x,y)$ が x の値に無関係な，y だけの関数であることと同値である．

実際，$f(x,y)$ が x の値に無関係な関数であるならば，偏微分係数の定義から恒等的に $\dfrac{\partial f}{\partial x} = 0$ となることは明らかである．

また，仮に恒等的に $\dfrac{\partial f}{\partial x} = 0$ であるとすると，点 (a,b) の近傍にある点 (x,y) と $(x+h, y+k)$ について，定理 5.3.1 により

$$f(x+h, y+k) - f(x,y) = \frac{\partial f}{\partial y}(x, y+\theta_2 k)k \ (0 < \theta_2 < 1)$$

となる．この右辺に h は現れていないので，$f(x,y)$ は x の値に無関係である．

上のことは y についても同様に成り立つ．したがって，両者を合わせれば次のことがわかる．

(II) 関数 $f(x,y)$ は点 (a,b) の近傍で偏微分可能であるとする．この近傍において恒等的に $\dfrac{\partial f}{\partial x} = 0, \dfrac{\partial f}{\partial y} = 0$ であることは，恒等的に $f(x,y) = C$ (定数) であることと同値である．

関数 $z = f(x,y)$ は点 (a,b) の近傍で定義されているものとする．$f(x,y)$ が点 (a,b) において全微分可能であるとは，定数 A, B と，微小な数 h, k の関数

$\mu(h,k)$ が存在して，点 (a,b) の近傍の点 $(a+h,b+k)$ について（h,k は微小な数）

$$f(a+h,b+k) - f(a,b) = A \cdot h + B \cdot k + \mu(h,k),$$

$$\frac{\mu(h,k)}{\sqrt{h^2+k^2}} \to 0 \quad (h,k \to 0)$$

が成立することである．

仮に，$z=f(x,y)$ が点 (a,b) において全微分可能であるとする．上の式で，$h,k \to 0$ のとき，$A \cdot h \to 0$, $B \cdot k \to 0$, $\mu(h,k) \to 0$ であるから，

$$f(a+h,b+k) - f(a,b) \to 0$$

である．したがって，$f(x,y)$ は点 (a,b) において連続である．

さらに，$k=0$ とすれば

$$f(a+h,b) - f(a,b) = A \cdot h + \mu(h,0).$$

ここで $\left|\dfrac{\mu(h,0)}{h}\right| \to 0 \quad (h \to 0)$ であるから，

$$\frac{f(a+h,b) - f(a,b)}{h} = A + \frac{\mu(h,0)}{h} \to A \; (h \to 0)$$

である．したがって，$f(x,y)$ は点 (a,b) において x について偏微分可能で，この点における x に関する偏微分係数は A である．y についても同様であるから，次のことが証明された．

関数 $f(x,y)$ は点 (a,b) において全微分可能であるとする．ならば，$f(x,y)$ は点 (a,b) において連続である．また，$f(x,y)$ は点 (a,b) において偏微分可能であり，x に関する偏微分係数は（全微分の定義における）定数 A に等しく，y に関する偏微分係数は B に等しい．

この逆は成立しないことが知られている．すなわち，点 (a,b) の近傍において定義された関数 $f(x,y)$ が点 (a,b) において x と y について偏微分可能であっても，$f(x,y)$ が点 (a,b) において全微分可能であるとはいえない．

しかし次のことが知られている（証明は省略する）．

点 (a,b) の近傍において定義された関数 $f(x,y)$ がこの点の近傍において偏微分可能であって，偏導関数 $\dfrac{\partial f}{\partial x}$, $\dfrac{\partial f}{\partial y}$ がこの近傍において連続であるとする．ならば，関数 $f(x,y)$ は点 (a,b) において全微分可能である．

上の条件をみたす関数を C^1 級の関数という．

$f(x,y)$ が C^1 級の関数であるとき，形式
$$df = \frac{\partial f}{\partial x}(x,y)\,dx + \frac{\partial f}{\partial y}(x,y)\,dy$$
を $f(x,y)$ の全微分という．

全微分は，x の増分 $\varDelta x$ と y の増分 $\varDelta y$ に対応する $z = f(x,y)$ の増分の主要部分である（図 5.20）．

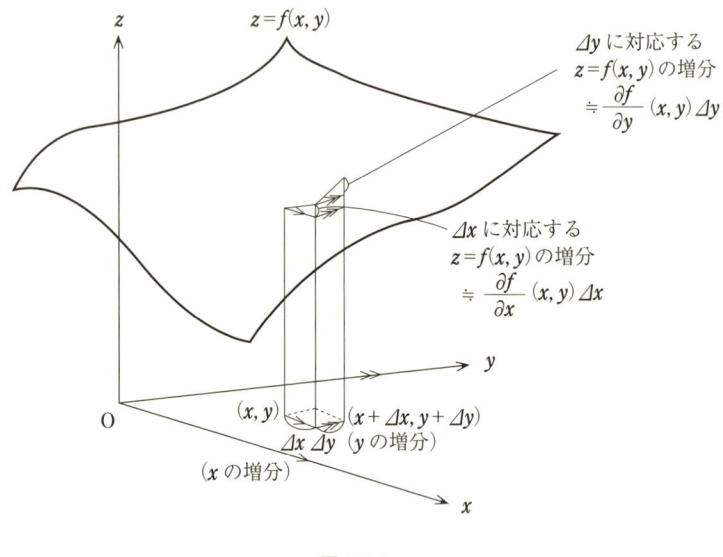

図 5.20

例　$f(x,y) = x^2 y$

$$f(1,1) = 1, \ f(1.01, 1.01) = 1.030301$$

であるから，$z = f(x,y)$ における $f(1,1)$ と $f(1.01, 1.01)$ の実際の差は $\varDelta z = 0.030301$ である．これは近似的に
$$\varDelta z = \frac{\partial f}{\partial x}(1,1)\varDelta x + \frac{\partial f}{\partial y}(1,1)\varDelta y$$

に等しい．実際，
$$\frac{\partial f}{\partial x}(x,y) = 2xy, \ \frac{\partial f}{\partial y}(x,y) = x^2$$
より
$$\Delta z = \frac{\partial f}{\partial x}(1,1)\Delta x + \frac{\partial f}{\partial y}(1,1)\Delta y = 2 \times 0.01 + 1 \times 0.01 = 0.03$$
である．

問題 5.3.2. $f(x,y) = \sqrt{x} + 2y$ とする．
(1) $f(x,y)$ の全微分を求めよ．
(2) $f(1.001, 1.001) - f(1,1)$ を直接計算せよ．
(3) 全微分を用いて $f(1.001, 1.001) - f(1,1)$ を近似計算せよ．

■ **合成関数の微分** ■ $z = f(x,y)$ は C^1 級の関数であるとする．また，$x = \varphi(t)$，$y = \psi(t)$ は（t について）微分可能な関数であるとする．このとき $z = f(\varphi(t), \psi(t))$ によって z は t の関数である．t の増分 Δt は x の増分 Δx と y の増分 Δy を引き起こし，さらにこれが z の増分 Δz を引き起こす．

近似的に，
$$\Delta z = \frac{\partial f}{\partial x}\Delta x + \frac{\partial f}{\partial y}\Delta y$$
であり，これを Δt で割ると，
$$\frac{\Delta z}{\Delta t} = \frac{\partial f}{\partial x}\frac{\Delta x}{\Delta t} + \frac{\partial f}{\partial y}\frac{\Delta y}{\Delta t}.$$
ここで $\Delta t \to 0$ とすると，
$$\frac{dz}{dt} = \frac{\partial f}{\partial x}\frac{dx}{dt} + \frac{\partial f}{\partial y}\frac{dy}{dt}$$
が得られる．

例 $z = \dfrac{x^3}{\sqrt{y}}$ を平面上で定義された関数とする．原点を中心とする半径 1 の円周上，x 軸の正の向きから角度 θ $(0 < \theta < \pi)$ の位置にある点を P とする．点 P の座標 (x,y) は，
$$x = \cos\theta, \ y = \sin\theta$$

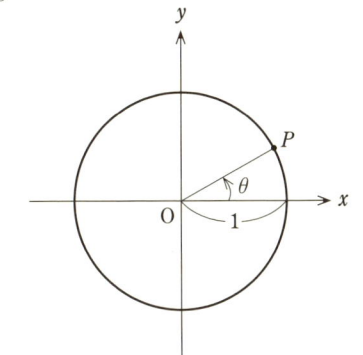

図 5.21

で与えられる（θ の範囲から $y > 0$）．点 P における z の値は θ の関数であるのでこれを $g(\theta)$ とする．

上に述べたことから，
$$\frac{dz}{d\theta} = \frac{\partial f}{\partial x}\frac{dx}{d\theta} + \frac{\partial f}{\partial y}\frac{dy}{d\theta}$$
$$= \frac{3x^2}{\sqrt{y}}(-\sin\theta) + x^3 \cdot \left(-\frac{1}{2}y^{-\frac{3}{2}}\right) \cdot \cos\theta$$
$$= -\frac{3x^2 \sin\theta}{\sqrt{y}} - \frac{x^3 \cos\theta}{2\sqrt{y^3}}$$
$$= -\frac{3\cos^2\theta \sin^2\theta + \cos^4\theta}{2\sqrt{\sin\theta}^3}.$$

問題 5.3.3.
(1) $z = \sqrt{x^2+xy},\ x = r\cos\theta,\ y = r\sin\theta$ （r は正の定数）のとき $\dfrac{dz}{d\theta}$ を求めよ．

(2) $z = \sin^{-1}(x+2y), x = 2t,\ y = -t^2$ のとき $\dfrac{dz}{dt}$ を求めよ．

$z = f(x,y)$ は C^1 級の関数であるとする．$x = \varphi(u,v),\ y = \psi(u,v)$ は u, v の C^1 級の関数であるとする．このとき $z = f(\varphi(u,v), \psi(u,v))$ によって z は u, v の関数であり，
$$\frac{\partial z}{\partial u} = \frac{\partial z}{\partial x} \cdot \frac{\partial x}{\partial u} + \frac{\partial z}{\partial y} \cdot \frac{\partial y}{\partial u},$$
$$\frac{\partial z}{\partial v} = \frac{\partial z}{\partial x} \cdot \frac{\partial x}{\partial v} + \frac{\partial z}{\partial y} \cdot \frac{\partial y}{\partial v}$$

となる．

問題 5.3.4. (r, θ) は平面の極座標，$x = r\cos\theta,\ y = r\sin\theta$ として，次の関数について $\dfrac{\partial z}{\partial r},\ \dfrac{\partial z}{\partial \theta}$ を求めよ．
(1) $z = 3xy^2$ (2) $z = \tan^{-1}\dfrac{y}{x}$ (3) $z = \log(x^2+y^2)$

■ **高次偏導関数** ■ 平面の部分集合 D で定義された関数 $z = f(x, y)$ が D の各点において偏導関数 $\dfrac{\partial z}{\partial x}, \dfrac{\partial z}{\partial y}$ をもつとする.さらにこれらの偏導関数がそれぞれまた x, y について偏微分可能であるとする.

$\dfrac{\partial}{\partial x}\left(\dfrac{\partial z}{\partial x}\right)$ を $\dfrac{\partial^2 z}{\partial x^2}$ または z_{xx}, $\dfrac{\partial}{\partial y}\left(\dfrac{\partial z}{\partial x}\right)$ を $\dfrac{\partial^2 z}{\partial y \partial x}$ または z_{xy}, $\dfrac{\partial}{\partial x}\left(\dfrac{\partial z}{\partial y}\right)$ を $\dfrac{\partial^2 z}{\partial x \partial y}$, または z_{yx}, $\dfrac{\partial}{\partial y}\left(\dfrac{\partial z}{\partial y}\right)$ を $\dfrac{\partial^2 z}{\partial y^2}$, または z_{yy} と表す(x, y の順序に注意).これらは **2 次(2 階)の偏導関数**とよばれる.

例 $z = e^{x^2 y}$

$$\frac{\partial z}{\partial x} = 2xy e^{x^2 y}, \qquad \frac{\partial z}{\partial y} = x^2 e^{x^2 y}$$

$$\frac{\partial^2 z}{\partial x^2} = (2y + 4x^2 y^2) e^{x^2 y}, \qquad \frac{\partial^2 z}{\partial y \partial x} = (2x + 2x^3 y) e^{x^2 y},$$

$$\frac{\partial^2 z}{\partial x \partial y} = (2x + 2x^3 y) e^{x^2 y}, \qquad \frac{\partial^2 z}{\partial y^2} = x^4 e^{x^2 y}$$

上の計算で $\dfrac{\partial^2 z}{\partial y \partial x}$ と $\dfrac{\partial^2 z}{\partial x \partial y}$ が一致していることに気づく.$\dfrac{\partial^2 z}{\partial y \partial x}$ は,z の x に関する偏導関数を y について偏微分したものであり,$\dfrac{\partial^2 z}{\partial x \partial y}$ は z の y に関する偏導関数を x について偏微分したものであるから,本来この 2 つは別のものである.しかしある条件のもとではこれらは一致することが知られている.それが次の定理である.

定理 5.3.2.(偏微分の順序交換に関する定理) 関数 $z = f(x, y)$ は点 (a, b) の近傍で定義されていて,この近傍において 2 回偏導関数 $\dfrac{\partial^2 z}{\partial y \partial x}$ と $\dfrac{\partial^2 z}{\partial x \partial y}$ が存在してともに連続であるとする.ならば

$$\frac{\partial^2 z}{\partial y \partial x}(a, b) = \frac{\partial^2 z}{\partial x \partial y}(a, b)$$

である.

証明 微小な (0 ではない) h, k に対して，

$$E = f(a+h, b+k) - f(a+h, b) - f(a, b+k) + f(a, b)$$

とおく．y 成分をしばらく固定して，$f(x, b+k) - f(x, b)$ を x の関数 $\varphi(x)$ と考えると，D は

$$E = \varphi(a+h) - \varphi(a)$$

と表される．平均値の定理 (定理 3.2.2) により，これは

$$E = \varphi'(a + \theta_1 h)h \quad (0 < \theta_1 < 1)$$

となる．

$$\varphi'(x) = \frac{\partial f}{\partial x}(x, b+k) - \frac{\partial f}{\partial x}(x, b)$$

であるから，

$$E = \left\{ \frac{\partial f}{\partial x}(a+\theta_1 h, b+k) - \frac{\partial f}{\partial x}(a+\theta_1 h, b) \right\} h$$

となる．ここで今度は x を固定して，$\dfrac{\partial f}{\partial x}(a+\theta_1 h, y)$ を y の関数 $g(y)$ と考えると，

$$\frac{\partial f}{\partial x}(a+\theta_1 h, b+k) - \frac{\partial f}{\partial x}(a+\theta_1 h, b) = g(b+k) - g(b)$$

$$= g'(b+\theta_2 k)k \quad (0 < \theta_2 < 1),$$

$$g'(y) = \frac{\partial^2 f}{\partial y \partial x}(a+\theta_1 h, y)$$

であるから，

$$g'(b+\theta_2 k) = \frac{\partial^2 f}{\partial y \partial x}(a+\theta_1 h, b+\theta_2 k),$$

したがって，E は，

$$E = \frac{\partial^2 f}{\partial y \partial x}(a+\theta_1 h, b+\theta_2 k)hk$$

となる．

同様に，先に x を固定して，次に y を固定して考えれば，

$$E = \frac{\partial^2 f}{\partial x \partial y}(a+\theta_3 h, b+\theta_4 k)hk \quad (0 < \theta_3, \theta_4 < 1)$$

となる．よって

$$\frac{\partial^2 f}{\partial y \partial x}(a+\theta_1 h, b+\theta_2 k)hk = \frac{\partial^2 f}{\partial x \partial y}(a+\theta_3 h, b+\theta_4 k)hk.$$

両辺を $hk\ (\neq 0)$ で割れば,

$$\frac{\partial^2 f}{\partial y \partial x}(a+\theta_1 h, b+\theta_2 k) = \frac{\partial^2 f}{\partial x \partial y}(a+\theta_3 h, b+\theta_4 k)$$

である.ここで $h,k \to 0$ とすれば,$(0 < \theta_1, \theta_2, \theta_3, \theta_4 < 1$,$\dfrac{\partial^2 f}{\partial y \partial x}$,$\dfrac{\partial^2 f}{\partial x \partial y}$ はともに連続であるという仮定により)

$$\frac{\partial^2 f}{\partial y \partial x}(a,b) = \frac{\partial^2 f}{\partial x \partial y}(a,b)$$

が得られる.

この定理により,$z = f(x,y)$ の 2 次の偏導関数は(もしそれらがある範囲で連続であれば)$\dfrac{\partial^2 z}{\partial x^2}$,$\dfrac{\partial^2 z}{\partial x \partial y}$,$\dfrac{\partial^2 z}{\partial y^2}$ と表される.

ある点 $A(a,b)$ の近傍で定義された関数 $z = f(x,y)$ について,この近傍の各点において 2 次の偏導関数 $\dfrac{\partial^2 z}{\partial x^2}$,$\dfrac{\partial^2 z}{\partial x \partial y}$,$\dfrac{\partial^2 z}{\partial y \partial x}$,$\dfrac{\partial^2 z}{\partial y^2}$ が存在してこれらがすべて連続であるとき,関数 $z = f(x,y)$ は $\boldsymbol{C}^2$ 級であるという.

> 問題 **5.3.5.** 次の関数 $z = f(x,y)$ について偏導関数 $\dfrac{\partial z}{\partial x}$,$\dfrac{\partial z}{\partial y}$,$\dfrac{\partial^2 z}{\partial x^2}$,$\dfrac{\partial^2 z}{\partial x \partial y}$,$\dfrac{\partial^2 z}{\partial y^2}$ を求めよ.
> (1) $z = x^3 y$ (2) $z = \dfrac{x}{y^2}$ (3) $z = \dfrac{x}{x+y^2}$ (4) $z = \cos^{-1}(x-2y)$

3 次以上の偏導関数についても同様である.平面の部分集合 D で定義された関数 $z = f(x,y)$ について,2 次の偏導関数 $\dfrac{\partial^2 z}{\partial x^2}$,$\dfrac{\partial^2 z}{\partial x \partial y}$,$\dfrac{\partial^2 z}{\partial y^2}$ が存在してすべて連続であるとする.さらにこれらの偏導関数がそれぞれまた x,y について偏微分可能であるとすると,3 次の偏導関数

$$\frac{\partial}{\partial x}\left(\frac{\partial^2 z}{\partial x^2}\right) = \frac{\partial^3 z}{\partial x^3},\ \frac{\partial}{\partial x}\left(\frac{\partial^2 z}{\partial x \partial y}\right) = \frac{\partial^3 z}{\partial x^2 \partial y},\ \frac{\partial}{\partial x}\left(\frac{\partial^2 z}{\partial y^2}\right) = \frac{\partial^3 z}{\partial x \partial y^2},$$

$$\frac{\partial}{\partial y}\left(\frac{\partial^2 z}{\partial x^2}\right) = \frac{\partial^3 z}{\partial y \partial x^2},\ \frac{\partial}{\partial y}\left(\frac{\partial^2 z}{\partial x \partial y}\right) = \frac{\partial^3 z}{\partial y \partial x \partial y},\ \frac{\partial}{\partial y}\left(\frac{\partial^2 z}{\partial y^2}\right) = \frac{\partial^3 z}{\partial y^3}$$

が得られる.

$\dfrac{\partial^3 z}{\partial x^2 \partial y}$, $\dfrac{\partial^3 z}{\partial y \partial x^2}$ がともにある点の近傍で連続であればこれらは一致する．$\dfrac{\partial^3 z}{\partial x \partial y^2}$ と $\dfrac{\partial^3 z}{\partial y \partial x \partial y}$ についても同様である．

ある点 $A(a,b)$ の近傍で定義された関数 $z = f(x,y)$ について，この近傍の各点において n 次の偏導関数がすべて存在してこれらがすべて連続であるとき，関数 $z = f(x,y)$ は C^n 級であるという．

Taylor の定理（定理 3.2.3）は 2 変数の関数については次のようになる．ここで $\left(h \dfrac{\partial}{\partial x} + k \dfrac{\partial}{\partial y} \right)^m f(x,y)$ は

$$\sum_{i=0}^{m} \begin{pmatrix} m \\ i \end{pmatrix} h^i k^{m-i} \dfrac{\partial^m}{\partial x^i \partial y^{m-i}} f(x,y)$$

を形式的に表す記号である．

定理 5.3.3.（多変数の **Taylor** の定理） 関数 $z = f(x,y)$ は点 (a,b) の近傍において定義されていて C^n 級であるとする．ならば (a,b) の近傍にある $(a+h, b+k)$ に対して，

$$f(a+h, b+k) - f(a,b)$$
$$= \dfrac{1}{1!} \left(h \dfrac{\partial}{\partial x} + k \dfrac{\partial}{\partial y} \right) f(a,b) + \dfrac{1}{2!} \left(h \dfrac{\partial}{\partial x} + k \dfrac{\partial}{\partial y} \right)^2 f(a,b) + \cdots$$
$$+ \dfrac{1}{(n-1)!} \left(h \dfrac{\partial}{\partial x} + k \dfrac{\partial}{\partial y} \right)^{n-1} f(a,b) + R_n,$$
$$R_n = \dfrac{1}{n!} \left(h \dfrac{\partial}{\partial x} + k \dfrac{\partial}{\partial y} \right)^n f(a+\theta h, b+\theta k)$$

をみたす θ が $0 < \theta < 1$ の範囲に存在する．

問題 5.3.6. 関数 $f(x,y) = \dfrac{y}{\sqrt{x}}$ について $f(1+h, 1+k) - f(1,1)$ を定理 5.3.3 の形に書き表せ（$n = 2$ とする）．

§5.4　陰関数

通常の意味で $y = f(x)$ が x の関数であるとは，$y = \sqrt{x}$, $y = \sin x$ のように，実数 x の値に y の値が1つ対応することをいう．

x と y のあいだに関係式 $x^2 + y^2 = 1$ が成り立つ場合は，x の値からこれをみたす y の値は制限されるが，形式上は，上でいう意味で y が x の関数であるとはいえない．このように，y が x の関数として表されているとは限らないが，x と y とのあいだにある関係式 $F(x,y) = 0$ が成立しているとき，これを陰関数という．

上の $x^2 + y^2 = 1$ $(x^2 + y^2 - 1 = 0)$ を通常の関数 $y = f(x)$ の形に書き表せば，$y = \pm\sqrt{1-x^2}$ となる．x の値に対して y の値が2つ対応するので，通常の意味の関数ではないが，これを $y = \sqrt{1-x^2}$ と $y = -\sqrt{1-x^2}$ に分けて考えれば，それぞれは関数である．

陰関数 $F(x,y) = 0$ は，ある仮定のもとでは y が x の関数となる（あるいは，x が y の関数となる）ことを保証するのが次の定理である．

定理 5.4.1.（陰関数定理） 関数 $F(x,y)$ は点 (a,b) の近傍で定義されていて連続であり，この近傍において偏導関数 $\dfrac{\partial}{\partial x}F(x,y)$, $\dfrac{\partial}{\partial y}F(x,y)$ が存在してこれらも連続であるとする．また，

$$F(a,b) = 0, \quad \frac{\partial}{\partial y}F(a,b) \neq 0$$

であるとする．ならば $x = a$ の近傍において次をみたす関数 $f(x)$ が一意的に存在する．

(1) $b = f(a)$

(2) $F(x, f(x)) \equiv 0$.

上をみたす $x = a$ の近傍で定義された関数 $y = f(x)$ はこの近傍において微分可能であり，導関数 $f'(x)$ は連続で

$$f'(x) = -\frac{\frac{\partial}{\partial x}F(x, f(x))}{\frac{\partial}{\partial y}F(x, f(x))}$$

である．

証明　$\dfrac{\partial}{\partial y}F(a,b) > 0$ であるとする（$\dfrac{\partial}{\partial y}F(a,b) < 0$ の場合も同様）．

$\dfrac{\partial}{\partial y}F(x,y)$ は連続であるから，点 (a,b) のある近傍においてつねに $\dfrac{\partial}{\partial y}F(x,y) > 0$ である．したがって，a に十分近い a_1 を固定し，b の近傍の y について $F(a_1, y)$ を y の関数 $g(y)$ とみれば，

$$g'(y) = \dfrac{\partial}{\partial y}F(a_1, y) > 0$$

であるから $F(a_1, y)$ は y の強い意味で単調増加な関数である．

とくに $a_1 = a$ については $F(a,b) = 0$ であるから，b の近傍にある，$b_1 < b < b_2$ である値 b_1, b_2 を固定すれば，

$$F(a, b_1) < 0 < F(a, b_2)$$

である．

$F(x,y)$ は連続であるから，(a, b_2) のある近傍ではつねに $F(x,y) > 0$ であり，(a, b_1) のある近傍ではつねに $F(x,y) < 0$ である．

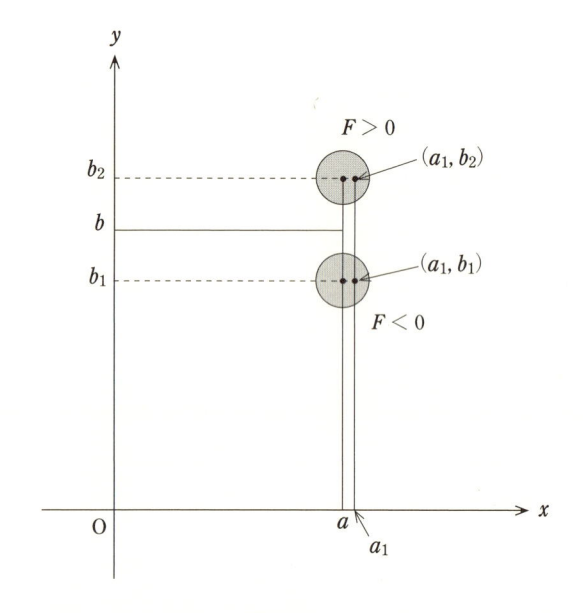

図 5.22

したがって，十分 a に近い値 a_1 を 1 つ固定して $F(a_1, y)$ を y の関数 $g(y)$ とみると，関数 $g(y)$ は強い意味で単調増加である．$g(b_2) = F(a_1, b_2) > 0$,

$g(b_1) = F(a_1, b_1) < 0$ であるから，中間値の定理（定理 2.4.4）により，$g(t_1) = F(a_1, t_1) = 0$ となる t_1 が $b_1 < t_1 < b_2$ の範囲に存在する．関数 $g(y)$ が強い意味で単調増加であることから，このような t_1 は唯一である．

a_1 に t_1 を対応させる関数
$$f(a_1) = t_1$$
が定理の条件 (1), (2) をみたすことは明らかである．また上に述べたことから a の近傍で (1), (2) をみたす関数 $f(x)$ はこれ以外にはないことがわかる．

次に，この関数 $y = f(x)$ は $x = a$ において連続で，微分可能であることを示す．微小な正の数 ε に対して，$y_1 = b - \varepsilon$, $y_2 = b + \varepsilon$ とおく．

$F(a, y_2) > 0$ であるから，(a, y_2) のある近傍で $F(x, y) > 0$, また，$F(a, y_1) < 0$ であるから，(a, y_1) のある近傍で $F(x, y) < 0$ となる．

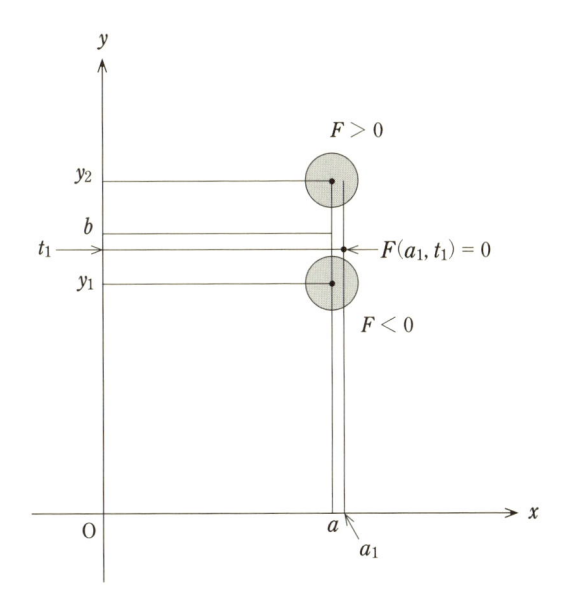

図 **5.23**

したがって，a に十分近い a_1 に対しては，上で述べた $F(a_1, t_1) = 0$ となる t_1 は $y_1 < t_1 < y_2$ の範囲内にある．この t_1 が $f(a_1)$ であり，$y_1 = b - \varepsilon$, $y_2 = b + \varepsilon$ であるから，δ を十分小さい正の数とすれば，$|a_1 - a| < \delta$ のとき $f(a_1)$ は $|f(a_1) - f(a)| < \varepsilon$ の範囲にある．したがって，関数 $y = f(x)$ は

$x = a$ において連続である．

点 (a, b) の近傍にある点 $(a+h, b+k)$ $(h, k$ は微小な数) については多変数の Taylor の定理 (定理 5.3.3, $n=1$ とする) により，

$$F(a+h, b+k) = F(a,b) + h\frac{\partial}{\partial x}F(a+\theta h, b+\theta k)$$
$$+ k\frac{\partial}{\partial y}F(a+\theta h, b+\theta k) \quad (0 < \theta < 1)$$

となる．とくに $k = f(a+h) - f(a)$ とおけば，

$$F(a,b) = 0, \ F(a+h, b+k) = F(a+h, f(a+h)) = 0$$

より上の式は

$$h\frac{\partial}{\partial x}F(a+\theta h, b+\theta k) + \{f(a+h) - f(a)\}\frac{\partial}{\partial y}F(a+\theta h, b+\theta k)$$

となる．これより

$$\frac{f(a+h) - f(a)}{h} = -\frac{\frac{\partial}{\partial x}F(a+\theta h, b+\theta k)}{\frac{\partial}{\partial y}F(a+\theta h, b+\theta k)}.$$

$h \to 0$ のとき，$k \to 0$ である．$0 < \theta < 1$ であるから，このとき上の式の右辺は $-\dfrac{\frac{\partial}{\partial x}F(a,b)}{\frac{\partial}{\partial y}F(a,b)}$ に収束する (仮定より $\dfrac{\partial}{\partial y}F(a,b) \neq 0$).

よって関数 $y = f(x)$ は $x = a$ において微分可能であり (したがって，$x = a$ において連続であり)，導関数 $f'(a)$ は $-\dfrac{\frac{\partial}{\partial x}F(a,b)}{\frac{\partial}{\partial y}F(a,b)}$ に等しい．

上の議論で点 a を a の近傍の点 a' におきかえれば，$y = f(x)$ が a' において連続，a' において微分可能で導関数が $-\dfrac{\frac{\partial}{\partial x}F(a', f(a'))}{\frac{\partial}{\partial y}F(a', f(a'))}$ に等しいことがわかる．

$F(x, y)$ は C^1 級の関数で，点 (a, b) において $F(a, b) = 0$ がみたされるとする．もし $\dfrac{\partial}{\partial y}F(a,b) \neq 0$ であるならば，定理 5.4.1 により，点 (a, b) の近傍において陰関数 $F(x, y) = 0$ は $y = f(x)$ と表される．

またもし $\dfrac{\partial}{\partial x}F(a,b) \neq 0$ であるならば点 (a, b) の近傍において陰関数 $F(x, y) = 0$ は $x = g(y)$ と表される．

5.4 陰関数

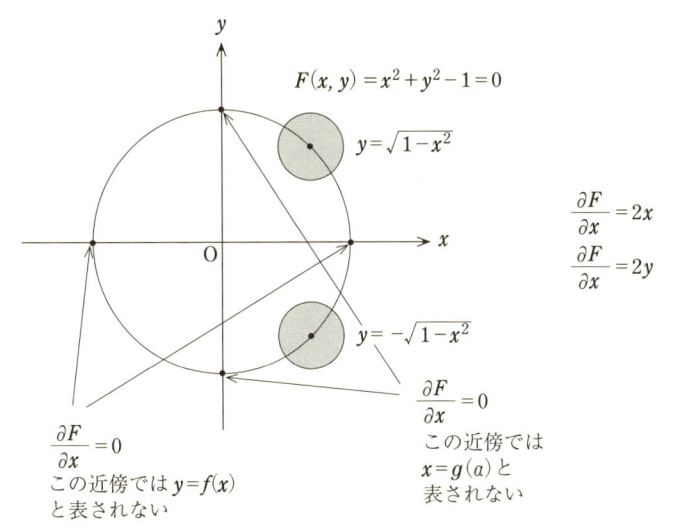

図 5.24

図中:
- $F(x,y) = x^2+y^2-1 = 0$
- $y = \sqrt{1-x^2}$
- $y = -\sqrt{1-x^2}$
- $\dfrac{\partial F}{\partial x} = 2x$
- $\dfrac{\partial F}{\partial x} = 2y$
- $\dfrac{\partial F}{\partial x} = 0$ この近傍では $y=f(x)$ と表されない
- $\dfrac{\partial F}{\partial x} = 0$ この近傍では $x=g(a)$ と表されない

ここで「$y = f(x)$ と表される」というのは関数の本来の意味, すなわち x の値に対して y の値が決まるという意味であって, それがわれわれの知っている関数記号で表されるか否かは別の問題である.

たとえば, $y+x\sin y-1=0$ の場合, $\dfrac{\partial}{\partial y}F(a,b) \neq 0$ である点の近傍で y は x の関数であるが, これをわれわれが知っている関数記号で表すことは困難である. $\dfrac{\partial}{\partial y}F(a,b)$, $\dfrac{\partial}{\partial x}F(a,b)$ がともに 0 となる点の近傍においては, 陰関数 $F(x,y)=0$ を $y=f(x)$ の形に表すことはできないし, $x=g(y)$ の形に表すこともできない.

関数 $F(x,y)$ に対してベクトル
$$\left(\dfrac{\partial F}{\partial x}(x,y), \dfrac{\partial F}{\partial y}(x,y)\right)$$

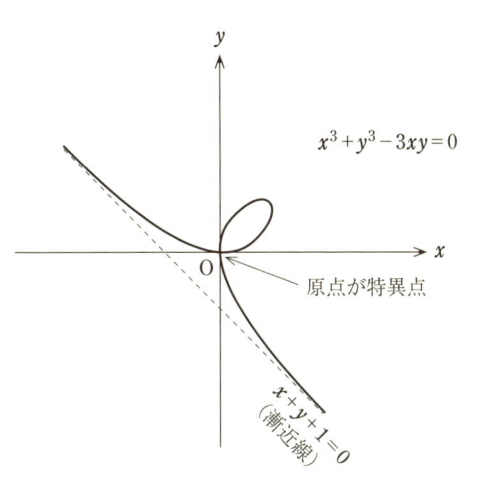

図 5.25

図中:
- $x^3+y^3-3xy=0$
- 原点が特異点
- $x+y+1=0$ (漸近線)

を grad F で表し,これを関数 $F(x,y)$ の勾配 (gradient) という. 曲線 $F(x,y) = 0$ 上の点 (x,y) で grad $F = (0,0)$ となる点を**特異点**という. このような点の近傍では陰関数 $F(x,y) = 0$ を $y = f(x)$ の形に表すことはできないし, $x = g(y)$ の形に表すこともできない.

> **問題 5.4.1.** 次の関数 $F(x,y)$ について,曲線 $F(x,y) = 0$ 上に grad $F = (0,0)$ となる点は存在しないことを示せ. また,曲線 $F(x,y) = 0$ 上の $\dfrac{\partial}{\partial y}F(x,y) \neq 0$ である点 (x,y) の近傍において陰関数 $F(x,y) = 0$ が定義する関数 $y = f(x)$ について導関数 $\dfrac{dy}{dx}$ を求めよ.
> (1) $F(x,y) = y^5 + xy - 1$　　(2) $F(x,y) = e^{x+y} - xy$

ここまでは 2 つの変数をもつ関数を扱ってきたが,3 つ以上の変数をもつ関数も考えられる.

$x_1, x_2, \cdots, x_n$ を実数として,ベクトル $(x_1, x_2, \cdots, x_n)$ の全体を **n 次元数空間**といい,記号 $\boldsymbol{R}^n$ で表す. $\boldsymbol{R}^n$ の 2 点 $\mathrm{P}(x_1, x_2, \cdots, x_n)$, $\mathrm{Q}(x_1', x_2', \cdots, x_n')$ 間の距離 $\rho(\mathrm{P}, \mathrm{Q})$ は,

$$\rho(\mathrm{P}, \mathrm{Q}) = \sqrt{\sum_{i=1}^{n}(x_i - x_i')^2}$$

で与えられる. これが §5.1 で述べた距離関数の性質 (1)–(3) をみたすことは平面の場合と同様である.

$\boldsymbol{R}^n$ の点 $(x_1, x_2, \cdots, x_n)$ に対して値 z を対応させる関数

$$z = f(x_1, x_2, \cdots, x_n)$$

を **n 変数の関数**という.

ε 近傍, 開集合, 閉集合, 収束, 有界, 連結といった概念は 2 変数の場合と同様に定義され,§5.2, §5.3 で述べられた 2 変数に関する諸定理は n 変数の場合にも同様に成立する.

一般の (n 変数の) 陰関数定理は次のように述べられる. 証明は定理 5.4.1 と同様である.

定理 5.4.2. (一般の陰関数定理) $(n+1)$ 変数の関数 $F(x_1, x_2, \cdots, x_n, z)$ は $(n+1)$ 次元数空間 $\boldsymbol{R}^{n+1}$ における点 $(a_1, a_2, \cdots, a_n, b)$ の近傍において連続な偏導関数

$$\frac{\partial F}{\partial x_1}, \frac{\partial F}{\partial x_2}, \cdots, \frac{\partial F}{\partial x_n}, \frac{\partial F}{\partial z}$$

をもち,

$$F(a_1, a_2, \cdots, a_n, b) = 0, \ \frac{\partial F}{\partial z}(a_1, a_2, \cdots, a_n, b) \neq 0$$

をみたすとする.ならば,n 次元数空間 $\boldsymbol{R}^n$ における点 $\mathrm{A}(a_1, a_2, \cdots, a_n)$ の近傍において定義された関数 $z = f(x_1, x_2, \cdots, x_n)$ で次をみたすものが唯一存在する.

(1) $b = f(a_1, a_2, \cdots, a_n)$
(2) $F(x_1, x_2, \cdots, x_n, f(x_1, x_2, \cdots, x_n)) \equiv 0$
(3) $f(x_1, x_2, \cdots, x_n)$ は点 A の近傍において連続な偏導関数をもち,

$$\frac{\partial}{\partial x_j} f(x_1, x_2, \cdots, x_n) = -\frac{\frac{\partial}{\partial x_j} F(x_1, x_2, \cdots, x_n, z)}{\frac{\partial}{\partial z} F(x_1, x_2, \cdots, x_n, z)} \ (1 \leq j \leq n).$$

§5.5 関数行列式

$u = f(x, y), \ v = g(x, y)$ はともに x, y の C^1 級の関数であるとする.このとき行列式

$$\begin{vmatrix} \dfrac{\partial u}{\partial x} & \dfrac{\partial u}{\partial y} \\ \dfrac{\partial v}{\partial x} & \dfrac{\partial v}{\partial y} \end{vmatrix} = \frac{\partial u}{\partial x} \cdot \frac{\partial v}{\partial y} - \frac{\partial u}{\partial y} \cdot \frac{\partial v}{\partial x}$$

で与えられる関数を u, v の関数行列式 (Jacobian) といい,$\dfrac{\partial(u, v)}{\partial(x, y)}$ で表す.

例 $u = ax + by + \alpha, \ v = cx + dy + \beta \quad (a, b, c, d, \alpha, \beta$ は定数) の場合.

$$\frac{\partial(u, v)}{\partial(x, y)} = \begin{vmatrix} a & b \\ c & d \end{vmatrix} = ad - bc$$

線形代数学で知られているように,$|ad - bc|$ は xy 平面から uv 平面への線

形写像

$$\begin{pmatrix} x \\ y \end{pmatrix} \to \begin{pmatrix} u \\ v \end{pmatrix} = \begin{pmatrix} a & b \\ c & d \end{pmatrix} \begin{pmatrix} x \\ y \end{pmatrix}$$

における面積の倍率である．

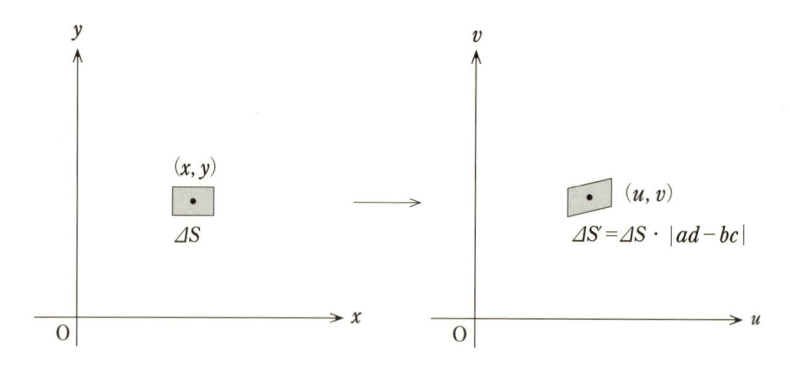

面積 $\varDelta S$ の長方形は面積 $\varDelta S' = \varDelta S \cdot |ad-bc|$ の平行四辺形に移される．

図 5.26

$u = f(x,y)$, $v = g(x,y)$ が一般の関数である場合は，写像 $(x,y) \to (u,v)$ は線形写像ではないが，§5.3 で述べたように（図5.20），$f(x,y)$, $g(x,y)$ が x, y の C^1 級の関数であれば，点 (x,y) の近傍において $f(x+h, y+k)$, $g(x+h, y+k)$ は近似的に

$$f(x+h, y+k) = f(x,y) + \frac{\partial f}{\partial x}(x,y)h + \frac{\partial f}{\partial y}(x,y)k,$$

$$g(x+h, y+k) = g(x,y) + \frac{\partial g}{\partial x}(x,y)h + \frac{\partial g}{\partial y}(x,y)k$$

と表される．x, y を固定されたものとして，h と k を変数とみれば，これは上の例と同じ形である．すなわち，点 (x,y) の近傍についてみれば，写像 $(x,y) \to (u,v)$ は近似的に線形写像であるとみなされる．したがって，面積要素（限りなく小さい面積）の倍率は $\left|\dfrac{\partial(u,v)}{\partial(x,y)}\right|$ で与えられる．

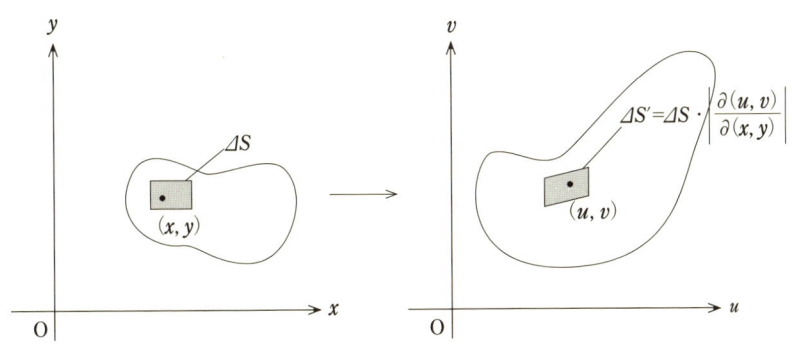

5.5 関数行列式

一般の関数 $u=f(x,y), v=g(x,y)$ についても点 (x,y) の近傍に限れば写像 $(x,y)\longmapsto (u,v)$ は近似的に線形写像である.

図 5.27

問題 5.5.1. $u(x,y)=1+xy,\ v(x,y)=2x+y$ とする.

(1) $\dfrac{\partial(u,v)}{\partial(x,y)}$ の点 $(1,0)$ における値を求めよ.

(2) ε を微小な正の数とするとき, xy 平面における $A_1(1,0)$, $A_2(1+\varepsilon,0)$, $A_3(1+\varepsilon,\varepsilon)$, $A_4(1,\varepsilon)$ を頂点とする正方形は, 写像 $(x,y)\to(u,v)$ によっていかなる図形に移されるか図示せよ.

問題 5.5.2. 極座標
$$x=r\cos\theta,\ y=r\sin\theta$$
について $\dfrac{\partial(x,y)}{\partial(r,\theta)}$ を求めよ.

一般に, n 個の変数 $x_1,x_2,\cdots,x_n$ に関する n 個の関数
$$u_1(x_1,x_2,\cdots,x_n),$$
$$u_2(x_1,x_2,\cdots,x_n),$$
$$\cdots\cdots$$
$$u_n(x_1,x_2,\cdots,x_n)$$

があるとき, 関数行列式 $\dfrac{\partial(u_1,u_2,\cdots,u_n)}{\partial(x_1,x_2,\cdots,x_n)}$ は $\det\left(\dfrac{\partial u_i}{\partial x_j}\right)$ ((i,j) 成分が $\dfrac{\partial u_i}{\partial x_j}$ で与えられる行列式) で定義される.

問題 5.5.3. 空間の極座標 (r, φ, θ)
（図 5.28）

$$x = r \sin\varphi \cos\theta,$$
$$y = r \sin\varphi \sin\theta,$$
$$z = r \cos\varphi$$

において $\dfrac{\partial(x, y, z)}{\partial(r, \varphi, \theta)}$ を求めよ．

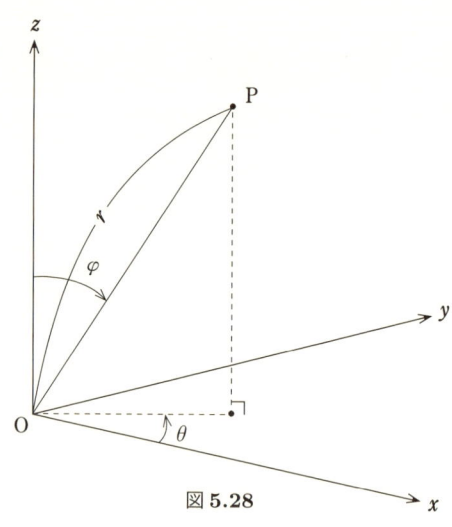

図 5.28

§5.6 多変数関数の極値

関数の値がどこで最大になるかはしばしば関心の的になる．会社である商品を生産しているとして，この商品によって会社にもたらされる利益が商品価格 x と部品原価 y の関数であるとする．会社としてはいかなる x, y の組み合わせで最大の利益を得られるかは関心のあることである．

順序として，まず関数の極値について考える．平面において，点 $A(a, b)$ の近傍において関数 $z = f(x, y)$ が定義されているとする．

$f(A) = f(a, b)$ が極大値であるとは，この近傍の任意の点 P について $f(A) \geq f(P)$ が成り立つことをいう．

$f(A) = f(a, b)$ が極小値であるとは，この近傍の任意の点 P について $f(A) \leq f(P)$ が成り立つことをいう．

極大値と極小値を合わせて極値という．

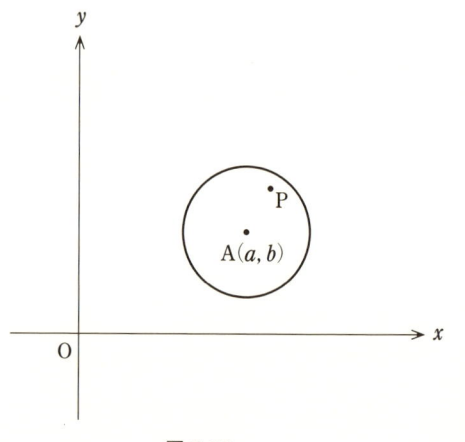

図 5.29

$f(\mathrm{A}) = f(a,b)$ が強い意味の極大値であるとは，この近傍の，A と異なる任意の点 P について $f(\mathrm{A}) > f(\mathrm{P})$ が成り立つことをいう．

$f(\mathrm{A}) = f(a,b)$ が強い意味の極小値であるとは，この近傍の，A と異なる任意の点 P について $f(\mathrm{A}) < f(\mathrm{P})$ が成り立つことをいう．

強い意味の極大値と強い意味の極小値を合わせて強い意味の極値という．

強い意味の極値は極値であるが，極値が強い意味の極値であるとは限らない．

$f(\mathrm{P}) = f(x,y)$ が点 $\mathrm{A}(a,b)$ の近傍において定義された関数であり，$f(\mathrm{A})$ が極値であるとする．仮に $f(\mathrm{A})$ は極大値であるとする．$y = b$ を固定して x の関数 $g(x) = f(x,b)$ を考えると，$g(x)$ は $x = a$ において極大値をとる．したがって，§3.2 で述べたことから $g'(a) = \dfrac{\partial f}{\partial x}(a,b) = 0$ である．同様に $x = a$ を固定すれば，$\dfrac{\partial f}{\partial y}(a,b) = 0$ である．$f(\mathrm{A})$ が極小値である場合も同様である．

したがって，関数 $f(x,y)$ が点 A において極値をとると仮定すれば
$$\frac{\partial f}{\partial x}(a,b) = 0,\ \frac{\partial f}{\partial y}(a,b) = 0$$
である．しかし，点 A において
$$\frac{\partial}{\partial x}f(a,b) = 0,\ \frac{\partial}{\partial y}f(a,b) = 0$$
が成り立つからといって，$f(\mathrm{A})$ が極値であるとは限らない．

関数 $f(x,y) = xy$ は原点 $(0,0)$ において
$$\frac{\partial f}{\partial x}(a,b) = 0,\ \frac{\partial f}{\partial y}(a,b) = 0$$
をみたす．この関数を直線 $y = x$ 上に制限すれば，$f(x,x) = x^2$ であり，これは (x の関数とみて) $x = 0$ において強い意味で極小となる．一方，直線 $y = -x$ 上に制限すれば $f(x,-x) = -x^2$ であり，これは $x = 0$ において強い意味で極大となる．よって $f(0,0) = 0$ は極大値でも極小値でもない．

1 変数の場合と異なり，多変数の極値を求めるのは容易ではない．極値の十分条件（必要条件ではない）を与える次の定理はよく知られている．

定理 5.6.1. 関数 $f(x, y)$ は点 A(a, b) の近傍で定義された C^2 級の関数であり，点 A において
$$\frac{\partial f}{\partial x}(a, b) = 0, \ \frac{\partial f}{\partial y}(a, b) = 0$$
であるとする．
$$d = \left(\frac{\partial^2 f}{\partial x \partial y}\right)^2 - \frac{\partial^2 f}{\partial x^2} \cdot \frac{\partial^2 f}{\partial y^2}$$
とする．

(1) 点 A において $d < 0$ の場合．

　(i) もし点 A において $\dfrac{\partial^2 f}{\partial x^2} < 0$ ならば $f(\mathrm{A})$ は強い意味の極大値である．

　(ii) もし点 A において $\dfrac{\partial^2 f}{\partial x^2} > 0$ ならば $f(\mathrm{A})$ は強い意味の極小値である．

(2) 点 A において $d > 0$ の場合は，$f(\mathrm{A})$ は極値ではない．

証明 点 A(a, b) の近傍の点を P(x, y) とする．$x = a+h$, $y = b+k$ とし，r, θ を図 5.30 のようにとれば，$h = r\cos\theta$, $k = r\sin\theta$ と表される．

多変数の Taylor の定理（定理 5.3.3）において（$n = 2$ とすると，$\dfrac{\partial f}{\partial x}(a, b) = \dfrac{\partial f}{\partial y}(a, b) = 0$ より，

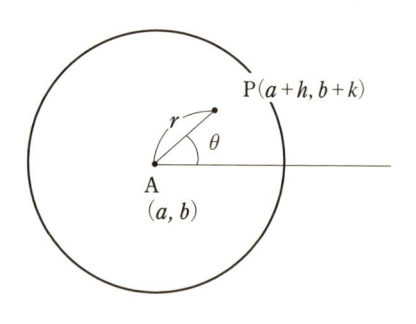

図 5.30

$$f(a+h, b+k) - f(a, b) = \frac{1}{2}\{\frac{\partial^2 f}{\partial x^2}(a+\theta h, b+\theta k)h^2$$
$$+ 2\frac{\partial^2 f}{\partial x \partial y}(a+\theta h, b+\theta k)hk + \frac{\partial^2 f}{\partial y^2}(a+\theta h, b+\theta k)k^2\}$$

である．

$$\frac{\partial^2 f}{\partial x^2}(a+\theta h, b+\theta k) - \frac{\partial^2 f}{\partial x^2}(a, b) = \varepsilon_1,$$
$$\frac{\partial^2 f}{\partial x \partial y}(a+\theta h, b+\theta k) - \frac{\partial^2 f}{\partial x \partial y}(a, b) = \varepsilon_2,$$
$$\frac{\partial^2 f}{\partial y^2}(a+\theta h, b+\theta k) - \frac{\partial^2 f}{\partial y^2}(a, b) = \varepsilon_3$$

とおく．点 P が A に十分近ければ $\varepsilon_1, \varepsilon_2, \varepsilon_3 \to 0$ であって，

$$f(a+h, b+k) - f(a,b) = \frac{1}{2}\left\{\left(\frac{\partial^2 f}{\partial x^2}(a,b) + \varepsilon_1\right)h^2\right.$$
$$\left. + 2\left(\frac{\partial^2 f}{\partial x \partial y}(a,b) + \varepsilon_2\right)hk + \left(\frac{\partial^2 f}{\partial y^2}(a,b) + \varepsilon_3\right)k^2\right\}$$
$$= \frac{1}{2}\left[\left\{\frac{\partial^2 f}{\partial x^2}(a,b)h^2 + 2\frac{\partial^2 f}{\partial x \partial y}(a,b)hk + \frac{\partial^2 f}{\partial y^2}(a,b)k^2\right\}\right.$$
$$\left. + \{\varepsilon_1 h^2 + 2\varepsilon_2 hk + \varepsilon_3 k^2\}\right].$$

$\varepsilon_1 h^2 + 2\varepsilon_2 hk + \varepsilon_3 k^2 = E,\ \dfrac{\partial^2 f}{\partial x^2}(a,b) = \alpha,\ \dfrac{\partial^2 f}{\partial x \partial y}(a,b) = \beta,\ \dfrac{\partial^2 f}{\partial y^2}(a,b) = \gamma$
とおいて上の式を r と θ で表すと，

$$f(a+h, b+k) - f(a,b) = \frac{1}{2}\{r^2(\alpha \cos^2 \theta + 2\beta \cos\theta \sin\theta + \gamma \sin^2 \theta) + E\}$$

となる．点 P が A に十分近ければ E は無視できるので，

$$g(\theta) = \alpha \cos^2 \theta + 2\beta \cos\theta \sin\theta + \gamma \sin^2 \theta$$

として $g(\theta)$ の正負を考える．

(1) $\beta^2 - \alpha\gamma < 0$ の場合．

まず，$\sin\theta \neq 0$ とする．

$$g(\theta) = \sin^2 \theta(\alpha \cot^2 \theta + 2\beta \cot\theta + \gamma).$$

となる．$\cot\theta = t$ とおけば，

$$\alpha \cot^2 \theta + 2\beta \cot\theta + \gamma$$

は t の 2 次式 $\alpha t^2 + 2\beta t + \gamma$ である．仮定により判別式が負であるから，もし $\alpha > 0$ ならばつねに $g(\theta) > 0$，もし $\alpha < 0$ ならばつねに $g(\theta) < 0$ である．

また，$\sin\theta = 0$ のときは $g(\theta) = \alpha$ であるから，やはり，もし $\alpha > 0$ ならば $g(\theta) > 0$，もし $\alpha < 0$ ならば $g(\theta) < 0$ である．

よって，$\alpha > 0$ のときは $f(a+h, b+k) - f(a,b) > 0$ であるから $f(a,b)$ は強い意味の極小値である．

$\alpha < 0$ のときは $f(a+h, b+k) - f(a,b) < 0$ であるから $f(a,b)$ は強い意味の極大値である．

(2) $\beta^2 - \alpha\gamma > 0$ の場合．

上のように考えると, $f(a+h, b+k) - f(a,b)$ は θ の値によって正にも負にもなりうることがわかるから, $f(a,b)$ は極値ではない.

点 A において $d=0$ の場合は, $f(A)$ が極値か否かはこの定理では判断できないので, 別途考える必要がある.

例 (1) $f(x,y) = x^2 + 2y^2$

$\dfrac{\partial f}{\partial x} = \dfrac{\partial f}{\partial y} = 0$ より $(x,y) = (0,0)$. この点において

$$d = \left(\frac{\partial^2 f}{\partial x \partial y}\right)^2 - \frac{\partial^2 f}{\partial x^2} \cdot \frac{\partial^2 f}{\partial y^2} = -8, \quad \frac{\partial^2 f}{\partial x^2} = 2 > 0$$

であるから, 定理 5.6.1 により $f(0,0) = 0$ は強い意味の極小値である. この場合, 明らかに原点以外では $f(x,y) > 0$ であるから, $f(0,0) = 0$ は最小値である.

(2) $f(x,y) = y^2 - x^3$

$\dfrac{\partial f}{\partial x} = \dfrac{\partial f}{\partial y} = 0$ より $(x,y) = (0,0)$. この点において

$$d = \left(\frac{\partial^2 f}{\partial x \partial y}\right)^2 - \frac{\partial^2 f}{\partial x^2} \cdot \frac{\partial^2 f}{\partial y^2} = 0$$

であるので, 定理 5.6.1 からは $f(0,0) = 0$ が極値か否かは判断できない. しかしこの関数を直線 $y=0$ 上に制限すると $f(x,0) = -x^3$ となる. これは x の値によって正にも負にもなるので, $f(0,0) = 0$ は極値ではないことがわかる.

> 問題 **5.6.1.** 次の関数の極値を求めよ.
> (1) $f(x,y) = 3x^2 + 4xy + 2y^2 - 2x$
> (2) $f(x,y) = x^2 + xy - 2y^2 - x + y$ (3) $f(x,y) = \dfrac{3x - y + 6}{\sqrt{2x^2 + 2y^2 + 4}}$

定理 5.2.3 により, 有界閉集合 D において連続な関数は D において最大値と最小値をとる. 最大値をとる点を A とすると, 点 A は D の内点であるか, または A は D の境界点である. もし A が D の内点であれば, $f(A)$ は極大値で

ある．D が有界閉集合であれば，D の境界点集合 $\partial(D)$ も有界閉集合である．

したがって，もし $\partial(D)$ が方程式 $u(x,y) = 0$ で表される曲線であるとすれば，この曲線上での $f(x,y)$ の極値が問題になる．

よって次に，x と y が独立ではなく，x と y のあいだに式 $u(x,y) = 0$ が成り立っているとき，この条件下での $f(x,y)$ の極値を問題にする．**Lagrange** の未定乗数法とよばれる，次の定理がよく使われる．

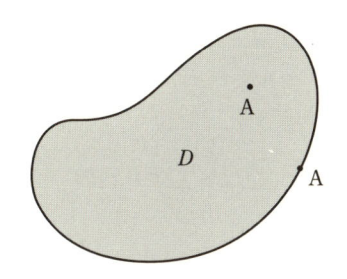

$f(x,y)$ の最大値（最小値）を与える点 A は D の内点か，または境界点である

図 **5.31**

定理 5.6.2. 関数 $f(x,y)$, $u(x,y)$ はおのおのの定義域において C^1 級であるとする．条件 $u(x,y) = 0$ のもとで，$f(x,y)$ は点 $A(a,b)$ ($u(a,b) = 0$ がみたされる) において極値をとるとする．もし点 A が曲線 $u(x,y) = 0$ の特異点でなければ，次をみたす実数 λ が存在する．

$$(*) \quad \begin{cases} \dfrac{\partial f}{\partial x}(a,b) - \lambda \dfrac{\partial u}{\partial x}(a,b) = 0 \\ \dfrac{\partial f}{\partial y}(a,b) - \lambda \dfrac{\partial u}{\partial y}(a,b) = 0 \end{cases}$$

証明 仮定により，$\dfrac{\partial u}{\partial x}(a,b) \neq 0$ または $\dfrac{\partial u}{\partial y}(a,b) \neq 0$ である．

$\dfrac{\partial u}{\partial y}(a,b) \neq 0$ であるとする．陰関数定理（定理 5.4.1）により，点 (a,b) の近傍において陰関数 $u(x,y) = 0$ は $y = g(x)$ と表され，

$$b = g(a),\ u(x, g(x)) \equiv 0,\ g'(x) = -\dfrac{\frac{\partial u}{\partial x}}{\frac{\partial u}{\partial y}}$$

である．よって，条件 $u(x,y) = 0$ のもとでは $x = a$ の近傍において関数 $f(x,y)$ は $f(x, g(x))$ と表され，これが $x = a$ において極値をとる．§5.3 で述

べた合成関数の微分によって
$$\frac{d}{dx}f(x,g(x)) = \frac{\partial}{\partial x}f(x,g(x)) + \frac{dy}{dx}\cdot\frac{\partial}{\partial y}f(x,g(x))$$
であるから，
$$0 = \frac{d}{dx}f(a,g(a)) = \frac{\partial}{\partial x}f(a,b) + g'(a)\cdot\frac{\partial}{\partial y}f(a,b)$$
である．これより
$$\frac{\partial}{\partial x}f(a,b) - \frac{\frac{\partial}{\partial x}u(a,b)}{\frac{\partial}{\partial y}u(a,b)}\cdot\frac{\partial}{\partial y}f(a,b) = 0$$
となる．もし
$$\frac{\partial}{\partial x}u(a,b) \neq 0$$
ならば上式の両辺をこれで割れば
$$\frac{\frac{\partial}{\partial x}f(a,b)}{\frac{\partial}{\partial x}u(a,b)} = \frac{\frac{\partial}{\partial y}f(a,b)}{\frac{\partial}{\partial y}u(a,b)}$$
であるから，これを λ とおけば，$(*)$ が成り立つ．
$\frac{\partial}{\partial x}u(a,b) = 0$ の場合に $(*)$ が成立することは自明である．

例　条件 $x^2 + 2y^2 - 1 = 0$ のもとで関数 $f(x,y) = xy$ の最大値と最小値を求めよ．$u(x,y) = x^2 + 2y^2 - 1 = 0$ は長径 1，短径 $\frac{1}{\sqrt{2}}$ の楕円である（図 5.32）．
この楕円は有界閉集合であるから，連続関数 $f(x,y)$ をこの楕円上に制限して考えれば，$f(x,y)$ はこの楕円上のどこかで最大値と最小値をとり，それらは極値である．また，楕円上には特異点は存在しない．よって楕円上の最大値と最小値をとる点は未定乗数法の条件 $(*)$ をみたす筈である．

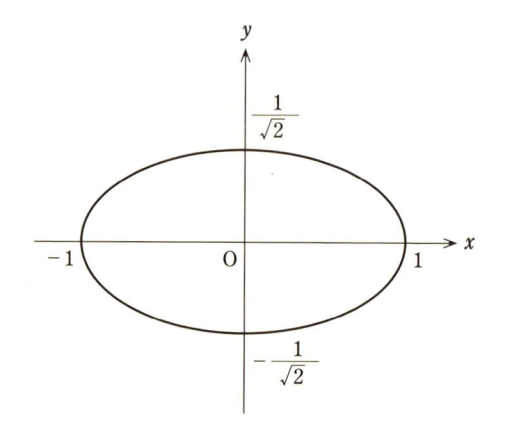

図 5.32

($*$) は,
$$\begin{cases} y - \lambda \cdot 2x = 0 \\ x - \lambda \cdot 4y = 0 \end{cases}$$
となる．$x = 0$ のときは $y = 0$ となり，点 $(0,0)$ は問題の楕円上にない．よって $x \neq 0$ と仮定してよい．

第 1 式と第 2 式から λ を消去して
$$x^2 - 2y^2 = (x - \sqrt{2}y)(x + \sqrt{2}y) = 0$$
を得る．これより，
$$x = \sqrt{2}y \quad \text{または} \quad x = -\sqrt{2}y.$$
$x = \sqrt{2}y$ の場合は，$u(x,y) = 0$ より $x = \pm \dfrac{1}{\sqrt{2}}$，これから
$$(x,y) = \left(\frac{1}{\sqrt{2}}, \frac{1}{2}\right), \left(-\frac{1}{\sqrt{2}}, -\frac{1}{2}\right).$$
同様に $x = -\sqrt{2}y$ の場合は，
$$(x,y) = \left(\frac{1}{\sqrt{2}}, -\frac{1}{2}\right), \left(-\frac{1}{\sqrt{2}}, \frac{1}{2}\right)$$
となる．この 4 点のなかに最大値と最小値を与える点がある．
$$f\left(\frac{1}{\sqrt{2}}, \frac{1}{2}\right) = \frac{1}{2\sqrt{2}},\ f\left(-\frac{1}{\sqrt{2}}, -\frac{1}{2}\right) = \frac{1}{2\sqrt{2}},$$
$$f\left(\frac{1}{\sqrt{2}}, -\frac{1}{2}\right) = -\frac{1}{2\sqrt{2}},\ f\left(-\frac{1}{\sqrt{2}}, \frac{1}{2}\right) = -\frac{1}{2\sqrt{2}}$$
であるから，
$$f\left(\frac{1}{\sqrt{2}}, \frac{1}{2}\right) = f\left(-\frac{1}{\sqrt{2}}, -\frac{1}{2}\right) = \frac{1}{2\sqrt{2}}$$
が最大値,
$$f\left(\frac{1}{\sqrt{2}}, -\frac{1}{2}\right) = f\left(-\frac{1}{\sqrt{2}}, \frac{1}{2}\right) = -\frac{1}{2\sqrt{2}}$$
が最小値である．

問題 5.6.2. 条件 $x^2 + y^2 = 1$ のもとで次の関数の最大値と最小値を求めよ.
(1) $f(x,y) = 3x - 5y + 1$ (2) $f(x,y) = x^3 + y^3$

§5.7 空間の曲線と接平面

空間における直線と平面の方程式を復習しよう．

空間の定点 $A(x_0, y_0, z_0)$ を通って，ベクトル $\vec{d} = (a, b, c)$ に平行な直線 ℓ の方程式を考える．

直線 ℓ 上の任意の点を $P(x, y, z)$ とすると，$\overrightarrow{AP}$ と $\vec{d}$ は平行なので，

$$\overrightarrow{AP} = t\vec{d}$$

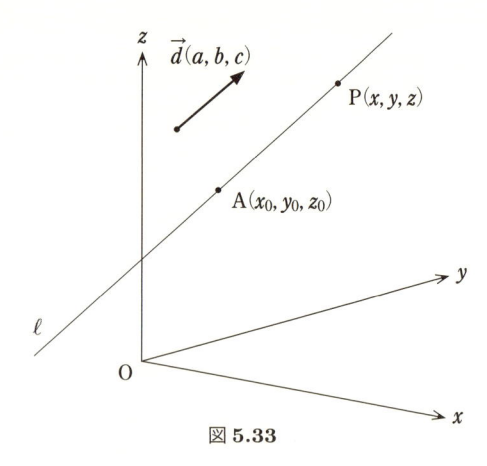

図 5.33

となる実数 t が存在する．これを成分で表すと，

$$(x - x_0, y - y_0, z - z_0) = t(a, b, c)$$

となる．これより，

$$\begin{cases} x - x_0 = ta, \\ y - y_0 = tb, \\ z - z_0 = tc \end{cases}$$

となる．これを直線 ℓ のパラメータ表示による方程式という．

これを変形すれば，

$$t = \frac{x - x_0}{a} = \frac{y - y_0}{b} = \frac{z - z_0}{c}$$

となる．通常はこれからパラメータ t を除いた式

$$\frac{x - x_0}{a} = \frac{y - y_0}{b} = \frac{z - z_0}{c}$$

が，直線 ℓ の方程式とよばれる．

この場合 a, b, c のなかに 0 が含まれるかもしれないので，たとえば，$a = 0$ の場合は，

$$x = x_0, \quad \frac{y - y_0}{b} = \frac{z - z_0}{c}$$

と解釈することにする．他の場合についても同様である．

$\vec{d} = (a, b, c)$ を直線 ℓ の方向ベクトルという．方向ベクトルが指定する直線の方向は定数倍しても変わらないので，これを連比の形に

$$\vec{d} = (a : b : c)$$

と書き表す．

（連比 $a : b : c$ と連比 $a' : b' : c'$ が等しいとは，$a' = ta$, $b' = tb$, $c' = tc$ をみたす実数 t が存在するか，または $a = ta'$, $b = tb'$, $c = tc'$ をみたす実数 t が存在することをいう．）

問題 5.7.1. 連比 $-5 : 2 : 0$ と連比 $10 : a : 0$ が等しいとき，a の値を求めよ．

問題 5.7.2. 点 $(1, 5, -3)$ を通り，方向ベクトルが $1 : -2 : 0$ である直線の方程式を求めよ．

空間に平面 Π があるとする．$\vec{d} = (a, b, c)$ が平面 Π に垂直であるとき，$\vec{d} = (a, b, c)$ を平面 Π の法線ベクトルという．直線の方向ベクトルの場合同様，法線ベクトルも正しくは連比 $a : b : c$ で表される．

平面 Π の法線ベクトルが $\vec{d} = (a : b : c)$ で，点 $\mathrm{A}(x_0, y_0, z_0)$ は平面 Π 上の定点とする．平面 Π 上の任意の点を $\mathrm{P}(x, y, z)$ とすると，$\vec{d}$ と $\overrightarrow{\mathrm{AP}} =$

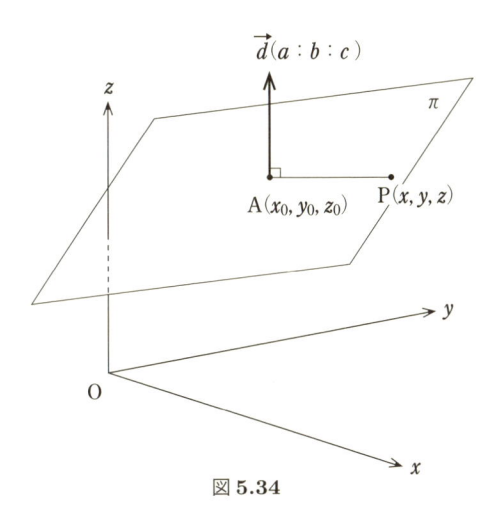

図 5.34

$(x - x_0, y - y_0, z - z_0)$ は直交するので，内積
$$(\vec{d}, \overrightarrow{\mathrm{AP}}) = a(x - x_0) + b(y - y_0) + c(z - z_0)$$
は 0 である．これより平面 Π の方程式
$$a(x - x_0) + b(y - y_0) + c(z - z_0) = 0$$
が得られる．

問題 5.7.3. 点 $\mathrm{A}(2, 3, -1)$ を通り，$\vec{d} = (-1 : 0 : 5)$ を法線ベクトルとする平面の方程式を求めよ．

ある空間の曲線が，t をパラメータとするパラメータ表示 $x = x(t), y = y(t), z = z(t)$ で与えられているとし，関数 $x(t), y(t), z(t)$ はそれぞれ t について微分可能であるとする．

値 t に対応する曲線上の点を $\mathrm{P}(x, y, z)$ とする．また，t の増分 $\Delta t \; (\neq 0)$ に対して，

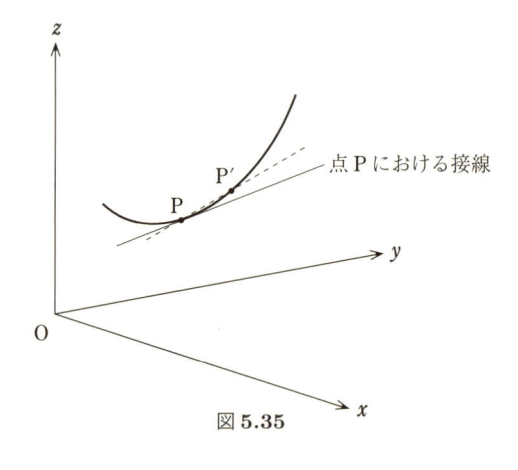

図 5.35

$t + \Delta t$ に対応する曲線上の点を $\mathrm{P}'(x + \Delta x, y + \Delta y, z + \Delta z)$ とする．ここで，$\Delta x = x(t + \Delta t) - x(t)$, $\Delta y = y(t + \Delta t) - y(t)$, $\Delta z = z(t + \Delta t) - z(t)$ はそれぞれ t の増分 Δt に対応する x, y, z の増分である．

Δt を 0 に近づけるとき，点 P と点 P' を結ぶ直線は，P におけるこの曲線の接線に近づく（図 5.35）．
$$\overrightarrow{\mathrm{PP}'} = (\Delta x, \Delta y, \Delta z) = \Delta t \left(\frac{\Delta x}{\Delta t}, \frac{\Delta y}{\Delta t}, \frac{\Delta z}{\Delta t} \right)$$
であるので，点 P と点 P' を結ぶ直線の方向ベクトルは $\Delta t \to 0$ のとき $\vec{d} = \left(\dfrac{dx}{dt}, \dfrac{dy}{dt}, \dfrac{dz}{dt} \right)$ に近づく．このことより，点 $\mathrm{P}(x, y, z)$ におけるこの曲線

の接線の方程式は
$$\frac{X-x}{\frac{dx}{dt}} = \frac{Y-y}{\frac{dy}{dt}} = \frac{Z-z}{\frac{dz}{dt}}$$
で与えられることがわかる（ここでは X, Y, Z が流通座標，つまり問題の接線上の点を表す変数である）．

例 $x = \cos t,\ y = \sin t,\ z = a_0 t$
(a_0 は正の定数）で与えられる空間の曲線 C は図 5.36 のとおりである（$t = 0$ においては xy 平面上にあり，t が増加するに従って螺旋状に上がる）．
$\dfrac{dx}{dt} = -\sin t,\ \dfrac{dy}{dt} = \cos t,\ \dfrac{dz}{dt} = a_0$
であるから，この曲線上の点 (a, b, c) ($a = \cos t,\ b = \sin t,\ c = a_0 t$) における接線の方程式は
$$\frac{x-a}{-\sin t} = \frac{y-b}{\cos t} = \frac{z-c}{a_0}$$
である（ここでは x, y, z が流通座標）．

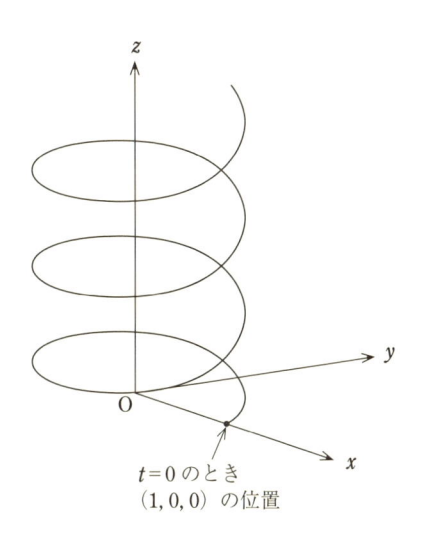

図 5.36

問題 5.7.4. $x = \sqrt{t},\ y = p\cos t,\ z = q\sin t$ （p, q は 0 でない定数）で与えられる空間曲線上の点 (a, b, c) における接線の方程式を求めよ．

方程式
$$(S) \quad z = f(x, y)$$
で与えられた空間の曲面があるとする．

パラメータ表示
$$\begin{cases} x = x(t), \\ y = y(t), \\ z = z(t) \end{cases}$$

で表される曲線が曲面 S 上にあるとすると，

$$z(t) = f(x(t), y(t))$$

が恒等的に成立する．両辺を t で微分すると（§5.3 の合成関数の微分を参照）

$$\frac{dz}{dt} = \frac{\partial f}{\partial x}(x, y)\frac{dx}{dt} + \frac{\partial f}{\partial y}(x, y)\frac{dy}{dt}$$

となる．このことは，ベクトル $\left(\frac{\partial f}{\partial x}(x, y), \frac{\partial f}{\partial y}(x, y), -1\right)$ がベクトル $\left(\frac{dx}{dt}, \frac{dy}{dt}, \frac{dz}{dt}\right)$ と直交することを意味する．上で見たように，ベクトル $\left(\frac{dx}{dt}, \frac{dy}{dt}, \frac{dz}{dt}\right)$ は曲面 S 上にある任意の曲線の，点 (x, y, z) における接線の方向ベクトルであるから，ベクトル
$\vec{d} = \left(\frac{\partial f}{\partial x}(x, y), \frac{\partial f}{\partial y}(x, y), -1\right)$ は，点 $\mathrm{P}(x, y, z)$ において曲面 S に接する平面 Π（S 上にある任意の曲線の点 P における接線はすべて Π 上にある）の法線ベクトルである（図 5.37）．点 $\mathrm{P}(x, y, z)$ において曲面 S に接するこの平面 Π を，点 P における平面 S の接平面という．

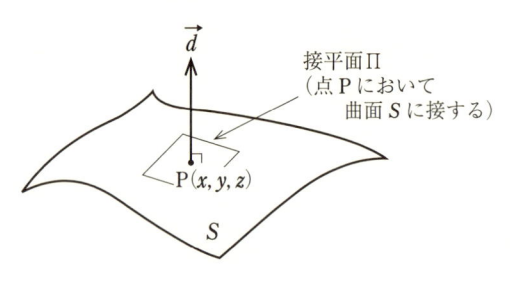

図 5.37

前に述べたことから，点 $\mathrm{P}(x, y, z)$ における曲面 S の接平面 Π の方程式は

$$(X - x)\frac{\partial f}{\partial x}(x, y) + (Y - y)\frac{\partial f}{\partial y}(x, y) - (Z - z) = 0$$

で与えられる．

同様に考えて，曲面 S の方程式が

$$(S_0) \quad F(x, y, z) = 0$$

で与えられている場合は，点 $\mathrm{P}(x, y, z)$ における曲面 S_0 の接平面 Π の方程式は

$$(X - x)\frac{\partial F}{\partial x}(x, y) + (Y - y)\frac{\partial F}{\partial y}(x, y) + (Z - z)\frac{\partial F}{\partial z}(x, y) = 0$$

で与えられることがわかる．

問題 5.7.5. 曲面 $z = \dfrac{y}{x}$ 上の点 $(1, 2, 2)$ における接平面の方程式を求めよ．

章末問題 5

1. xy 平面上の 2 点 $P(x_1, y_1)$, $Q(x_2, y_2)$ について, $\rho(P, Q)$, $\rho'(P, Q)$, $\rho''(P, Q)$ を次のように定義する.
$$\rho(P, Q) = \sqrt{(x_1 - x_2)^2 + (y_1 - y_2)^2},$$
$$\rho'(P, Q) = \max\{|x_1 - x_2|, |y_1 - y_2|\},$$
$$\rho''(P, Q) = |x_1 - x_2| + |y_1 - y_2|$$

(1) これらの関数はいずれも §5.1 に述べた距離の性質
   (i) $\rho(P, Q)$ は負でない実数値であり, $\rho(P, Q) = 0$ となるのは $P = Q$ のときに限る.
   (ii) $\rho(P, Q) = \rho(Q, P)$
   (iii) $\rho(P, Q) + \rho(Q, R) \geqq \rho(P, R)$
をみたすことを示せ.

(2) 不等式
$$\rho(P, Q) \leqq \rho''(P, Q) \leqq 2\rho'(P, Q) \leqq 2\rho(P, Q)$$
が成り立つことを証明せよ.

(3) 点 A は平面上の定点, $\{P_n\}_{n=1}^{\infty}$ は平面上の点列で, $P_n(x_n, y_n)$ とすれば, $\rho(P_n, A) \to 0 \ (n \to \infty)$ は
$$x_n \to a \ (n \to \infty), \ y_n \to b \ (n \to \infty)$$
と同値であることを証明せよ.

2. 関数 $z = f(x, y)$ に対して, $\dfrac{\partial^2 z}{\partial x^2} + \dfrac{\partial^2 z}{\partial y^2}$ を $\nabla^2 z$ で表す. $\nabla^2 z = 0$ をみたす関数 z は調和関数とよばれる. 次の関数はすべて調和関数であることを示せ.
(1) $z = \log(x^2 + y^2)$
(2) $z = \tan^{-1} \dfrac{y}{x}$
(3) $z = \dfrac{x}{x^2 + y^2}$

3. $f(x, y) = y^2 - \dfrac{x^2(1 + x)}{1 - x} \quad (x < 1)$ とする.
(1) grad f を求めよ.
(2) 曲線 $f(x, y) = 0$ の特異点を求めよ.
(3) 曲線 $f(x, y) = 0$ の概形を描け.

4. 次の関数 $f(x, y)$ について集合 $\{(x, y) \mid f(x, y) > 0\}$ を図示せよ.
(1) $f(x, y) = x^2 - y^2 - 1$
(2) $f(x, y) = x^2 + x^3 - y^2$

5. D は平面の有界閉集合であるとする. 1 次式で与えられる関数 $f(x, y) = ax + by + c$ (a, b, c は定数) の D における最大値を与える点は必ず D の境界点であることを証明せよ.

6. xy 平面の点 (x, y) で x, y がともに有理数であるような点の全体を M とする．このとき $\partial(M)$ は平面全体となることを示せ．
7. 平面の部分集合 M に対して，$I(M)$ は M に含まれる最大の開集合であることを示せ．すなわち，N が M の部分集合で N は開集合であるとすれば，$N \subseteq I(M)$ であることを証明せよ．
8. $f(x, y) = \dfrac{xy^2}{x^2 + y^4}$ とする．

   (1) 点 (x, y) が直線 $y = mx$ (m は定数) に沿って原点に近づくとき，$f(x, y)$ の値は 0 に収束することを示せ．

   (2) 点 (x, y) が曲線 $y = \sqrt{x}$ $(x > 0)$ に沿って原点に近づくとき，$f(x, y)$ の値は $\dfrac{1}{2}$ に収束することを示せ．

6 ●重積分

図 6.1

A市

第1区 9000 人/km^2

第2区 12000 人/km^2

第3区 8000 人/km^2

第4区 5000 人/km^2

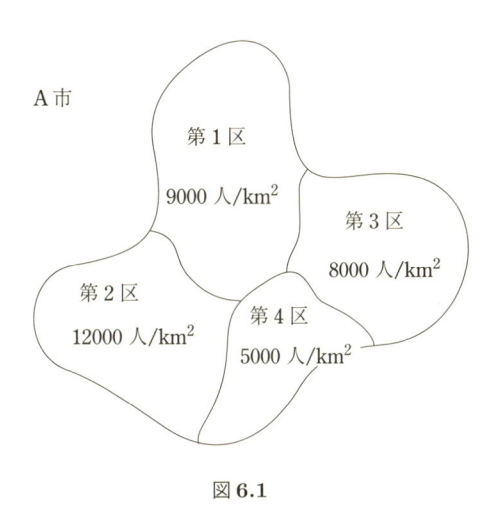

　A市は4つの区からなる．第1区は面積が20 km^{2}で人口密度は9000人/km^2，第2区は面積が25 km^{2}で人口密度は12000人/km^2，第3区は面積が30 km^{2}で人口密度は8000人/km^2，第4区は面積が40 km^{2}で人口密度は5000人/km^{2}である．人口密度と面積の積が各区の人口である．第1区の人口は$9000 \times 20 = 180000$人，第2区の人口は$12000 \times 25 = 300000$人，第3区の人口は$8000 \times 30 = 240000$人，第4区の人口は$5000 \times 40 = 200000$人，したがって，A市の人口は全部で920000人である．しかし実際は同じ区でも場所によって人口密度は違うであろうから，場合によっては各区をさらに細かく分けて計算することも必要であろう．

　このようなものの極限が重積分である．

§6.1 重積分の定義と累次積分

D は平面の有界閉集合とし，$f(x,y)$ は D において定義された関数であるとする．D を部分領域 S_i $(1 \leqq i \leqq n)$ に分け，各 S_i から代表点 P_i をとる．部分領域への細分を無限に細かくしたとき，和
$$\sum_{i=1}^{n} f(\mathrm{P}_i) S_i$$
(部分領域 S_i の面積を同じ記号 S_i で表す)

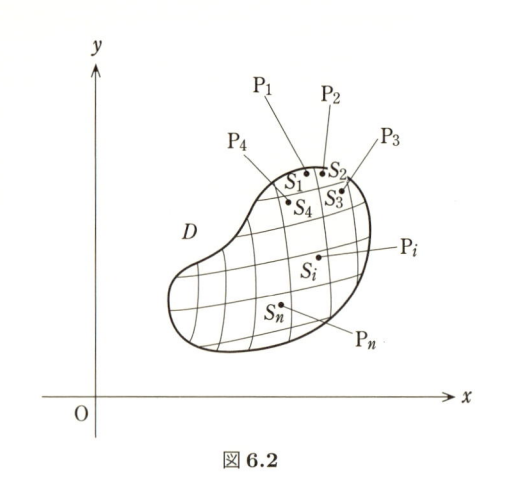

図 6.2

がある極限値をもつとき，この極限値を
$$\iint_D f(\mathrm{P})\,dS \quad \text{または} \quad \iint_D f(x,y)\,dxdy$$
で表し，これを関数 $f(x,y)$ の D における **2重積分**という．

正確な定義を述べれば，次のようになる．

M を平面の有界閉集合として，2点 P, Q が M 内を動くとき，2点 P, Q の距離 $\rho(\mathrm{P}, \mathrm{Q})$ の最大値がある．これを M の直径ということにする．

D を平面の有界閉集合とし，D が部分領域 S_i $(1 \leqq i \leqq n)$ に分割されているとき，S_i の直径の最大値をこの分割のサイズという．

D において定義された関数 $f(x,y)$ が D において積分可能であるとは，次のような定数 A が存在することである．

「任意の正の数 ε に対して，ある正の数 δ が存在して，M の，サイズが δ より小さい任意の分割 S_i $(1 \leqq i \leqq n)$ と各部分領域 S_i から選んだ代表点 P_i $(1 \leqq i \leqq n)$ に対して，$\left|\sum_{i=1}^{n} f(\mathrm{P}_i) S_i - A\right| < \varepsilon$ となる．」

上の定数 A を $\iint f(\mathrm{P})\,dS$ で表す．

詳論を略すが，D が有界閉集合で $f(x,y)$ が D 上で連続であれば，$f(x,y)$ は D において積分可能である（定理 4.2.1 参照）．

実際に 2 重積分を計算するには次のように累次積分に帰着するのが一般的である．

領域 D は図 6.3 のように下縁 $y = \phi(x)$ と上縁 $y = \psi(x)$ で囲まれた図形であるとする．

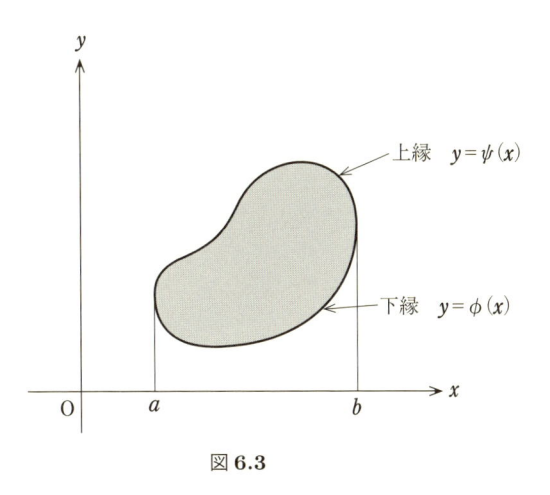

Δx を微小な正の数として，x と $x + \Delta x$ で挟まれた帯状の領域について考えてみる．

図 6.3

この帯状領域を横に切り分けて部分領域 S_i $(1 \leqq i \leqq m)$ に分割する．各部分領域の面積は $\Delta x(y_i - y_{i-1})$ である．各部分領域 S_i から代表点 $\mathrm{P}_i(x_i, y_i)$ を選んで，和

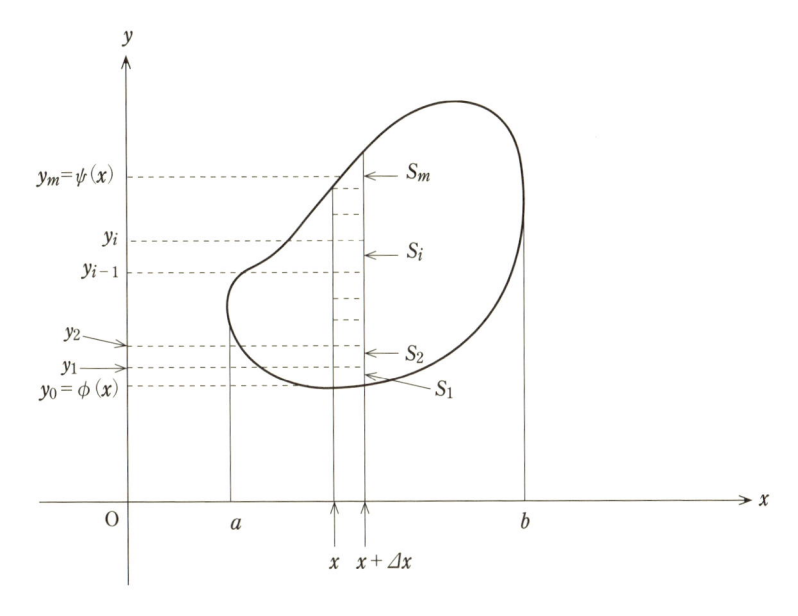

図 6.4

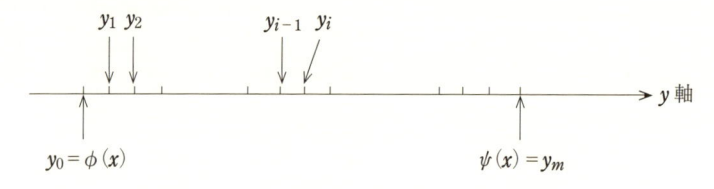

区間$[\phi(x), \psi(x)]$を分割した和
$$\sum_{i=1}^{n} f(x, y_i)(y_i - y_{i-1}) \to \int_{\phi(x)}^{\psi(x)} f(x, y)\,dy$$

図 6.5

$$\sum_{i=1}^{m} f(\mathrm{P}_i) S_i$$
$$= \sum_{i=1}^{m} f(x_i, y_i) \Delta x (y_i - y_{i-1})$$

をとる．Δx は微小であるので，この範囲では $x = x_i = $ 一定とみれば，上の和は

$$\left(\sum_{i=1}^{m} f(x, y_i)(y_i - y_{i-1}) \right) \Delta x$$

となる．x と Δx を一定と考えて，y の分割を限りなく細かくすれば，

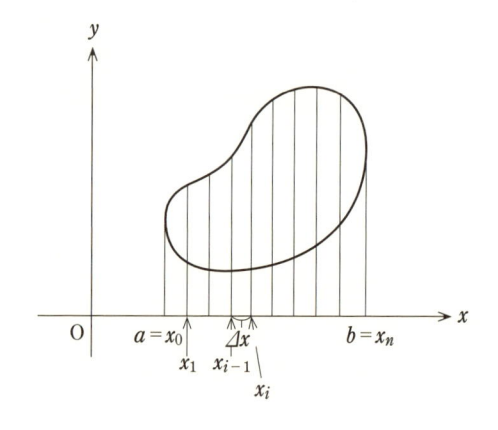

$$\sum_{i=1}^{m} f(x, y_i)(y_i - y_{i-1})$$ は変数 y に関する積分

$$\int_{\phi(x)}^{\psi(x)} f(x, y)\,dy$$

図 6.6

に収束する（図 6.5 のように y 軸を横に倒すとわかる）．

$\int_{\phi(x)}^{\psi(x)} f(x, y)\,dy$ を x の関数とみて $g(x)$ とする．次に x 軸の区間 $[a, b]$ を分点 $a = x_0 < x_1 < \cdots < x_{i-1} < x_i < \cdots < x_n = b$ で分けて D 全体を帯状領域に切って分ける（図 6.6）．

各帯状領域に対する和は $g(x_i)(x_i - x_{i-1})$ であるから，D 全体での和は $\sum_{i=1}^{n} g(x_i)(x_i - x_{i-1})$ である．分割
$$a = x_0 < x_1 < \cdots < x_{i-1} < x_i < \cdots < x_n = b$$
を無限に細かくすれば，この和は
$$\int_a^b g(x)\,dx = \int_a^b \left[\int_{\phi(x)}^{\psi(x)} f(x,y)\,dy \right] dx$$
に収束する．

したがって，2 重積分
$$\iint_D f(x,y)\,dxdy$$
は
$$\int_a^b \left[\int_{\phi(x)}^{\psi(x)} f(x,y)\,dy \right] dx$$
と表される．これは $f(x,y)$ をまず y について $\phi(x)$ から $\psi(x)$ まで積分し，さらにそれを x について a から b まで積分する形であるから，積分を重ねるという意味で累次積分という．これを
$$\int_a^b dx \int_{\phi(x)}^{\psi(x)} f(x,y)\,dy$$
とも書く．

例　D は図 6.7 のような原点中心半径 1 の円の第 1 象限部分とする．D において関数 $f(x,y) = xy$ が定義されているとして，2 重積分
$$\iint_D f(x,y)\,dxdy$$
を求めよ．

積分領域 D は x 座標が 0 から 1 までにわたっている．下縁は $y = 0$，上縁は $y = \sqrt{1-x^2}$ である．したがって，求める積分は

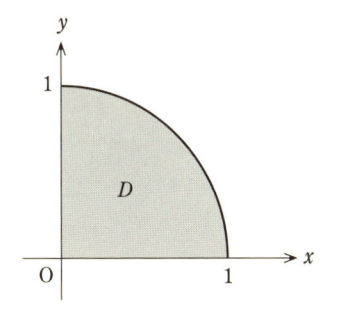

図 6.7

$$\int_0^1 \left[\int_0^{\sqrt{1-x^2}} xy\, dy \right] dx$$

となる．まず $\int_0^{\sqrt{1-x^2}} xy\, dy$ は，

$$x \cdot \frac{1}{2} \left[y^2 \right]_{y=0}^{y=\sqrt{1-x^2}} = \frac{1}{2}(x - x^3)$$

となる．よって求める積分値は

$$\int_0^1 \frac{1}{2}(x - x^3) dx = \frac{1}{2} \left\{ \frac{1}{2} \left[x^2 \right]_{x=0}^{x=1} - \frac{1}{4} \left[x^4 \right]_{x=0}^{x=1} \right\} = \frac{1}{8}.$$

問題 **6.1.1.** 次の 2 重積分を計算せよ．

(1) $\iint_D x^2 y\, dxdy$
  D は原点中心，半径 r $(r > 0)$ の円の上半部分（図 6.8）．

(2) $\iint_D xy\, dxdy$
  D は図 6.9 のとおり．

(3) $\iint_D x + y\, dxdy$
  D は図 6.10 のとおり．

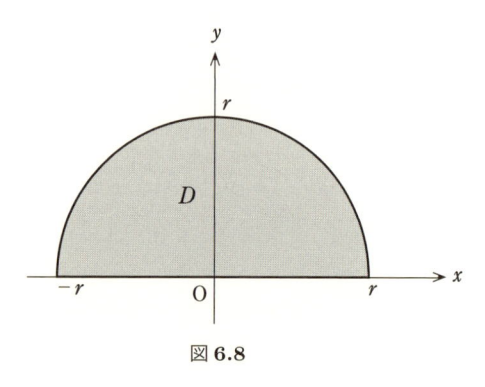

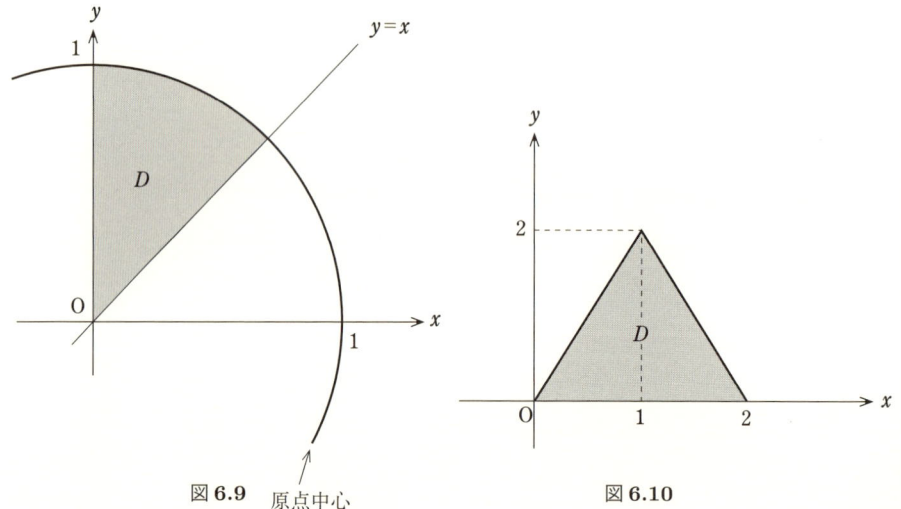

図 **6.8**

図 **6.9**　原点中心 半径 1 の円

図 **6.10**

2 重積分の性質

(1) $\iint_D \{f(\mathrm{P}) + g(\mathrm{P})\} \, dS = \iint_D f(\mathrm{P}) \, dS + \iint_D g(\mathrm{P}) \, dS$

(2) $\iint_D \{kf(\mathrm{P})\} \, dS = k \iint_D f(\mathrm{P}) \, dS$ (k は定数)

(3) もし D で常に $f(\mathrm{P}) \leqq g(\mathrm{P})$ ならば, $\iint_D f(\mathrm{P}) \, dS \leqq \iint_D g(\mathrm{P}) \, dS$.

(4) 積分領域 D が和集合 $D = D_1 \cup D_2$ と表されて, $D_1 \cap D_2$ の面積が 0 ならば,

$$\iint_D f(\mathrm{P}) \, dS = \iint_{D_1} f(\mathrm{P}) \, dS + \iint_{D_2} f(\mathrm{P}) \, dS.$$

(5) とくに $f(\mathrm{P}) \equiv 1$ の場合は $\iint_D 1 \, dS$ は領域 D の面積に等しい. この場合は $\iint_D 1 \, dS$ を $\iint_D dS$ と表してもよい.

(6) 重積分に関する平均値の定理 (定理 4.2.2 参照)

D は連結な有界閉集合, 関数 $f(\mathrm{P})$ は D において連続とする. このとき, D の面積を S_0 とすれば,

$$\iint_D f(\mathrm{P}) \, dS = f(\mathrm{P}_0) \cdot S_0$$

となる点 P_0 が D に存在する.

積分順序の変更

累次積分の説明で, 領域 D を縦に帯状に分けて考えたが, 横に帯状に分けることもできる.

D が図 6.11 のように下縁 $y = \phi(x)$ と上縁 $y = \psi(x)$ で囲まれているとき, これを左縁 $x = \mu(y)$ と右縁 $x = \rho(y)$ で囲まれているとみれば,

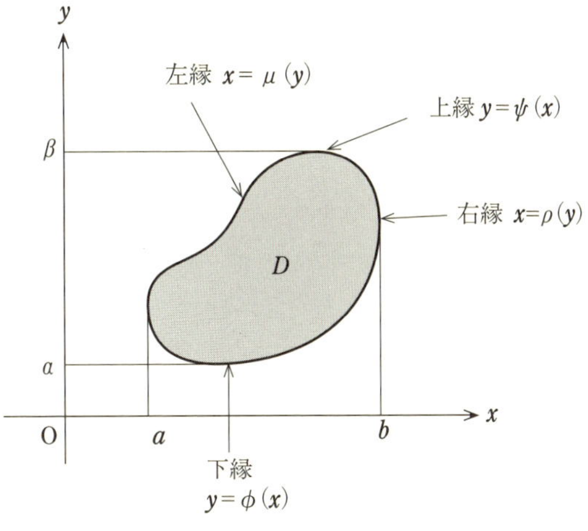

$$\iint_D f(x,y) \, dxdy = \int_a^b \left[\int_{\phi(x)}^{\psi(x)} f(x,y) \, dy \right] dx$$

図 6.11

は,
$$\int_\alpha^\beta \left[\int_{\mu(y)}^{\rho(y)} f(x,y)\,dx\right] dy$$
としてもよい. これを 2 重積分における積分順序の変更という.

> **問題 6.1.2.** 次に与えられた累次積分の積分範囲を図示し,積分順序を変更せよ (関数 $f(x,y)$ は与えられた積分範囲において連続であるとする).
> (1) $\displaystyle\int_0^2 \left[\int_0^{\sqrt{2x-x^2}} f(x,y)\,dy\right] dx$ (2) $\displaystyle\int_{-2}^2 \left[\int_{-\sqrt{1-\frac{1}{4}x^2}}^{\sqrt{1-\frac{1}{4}x^2}} f(x,y)\,dy\right] dx$
> (3) $\displaystyle\int_0^2 \left[\int_{\frac{1}{2}x}^x f(x,y)\,dy\right] dx$

§6.2 変数変換と応用

x, y は u, v の C^1 級の関数
$$x = x(u, v),$$
$$y = y(u, v)$$
であるとする. uv 平面から xy 平面への写像
$$(u, v) \longrightarrow (x, y)$$
によって,uv 平面上の領域 D' が xy 平面上の領域 D に対応しているとする.

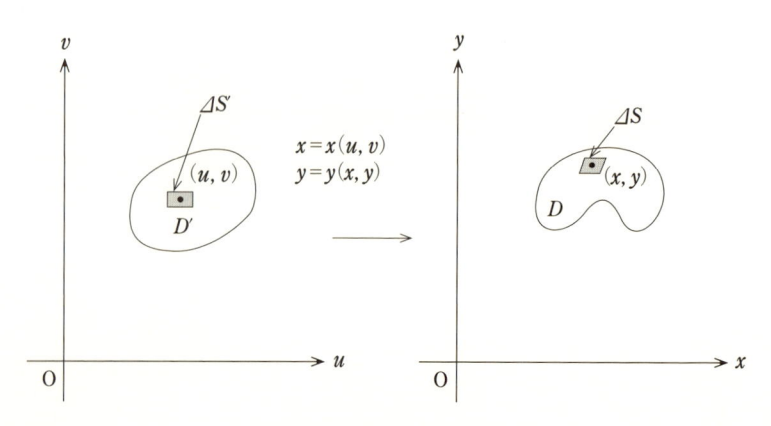

図 **6.12**

uv 平面上の面積要素 $\Delta S'$ が xy 平面上の面積要素 ΔS に対応しているとすると，$\Delta S'$ と ΔS のあいだに
$$\Delta S = \left|\frac{\partial(x,y)}{\partial(u,v)}\right| \Delta S'$$
という関係があることは §5.5 で見たとおりである．

$f(x,y)$ を D で定義された連続関数とする．xy 平面上での領域 D の微小な部分領域 S_i への分割が，uv 平面での領域 D' の微小な部分領域 S_i' に対応しているとする．

uv 平面上　　　　　　　　　　　　　　**xy 平面上**

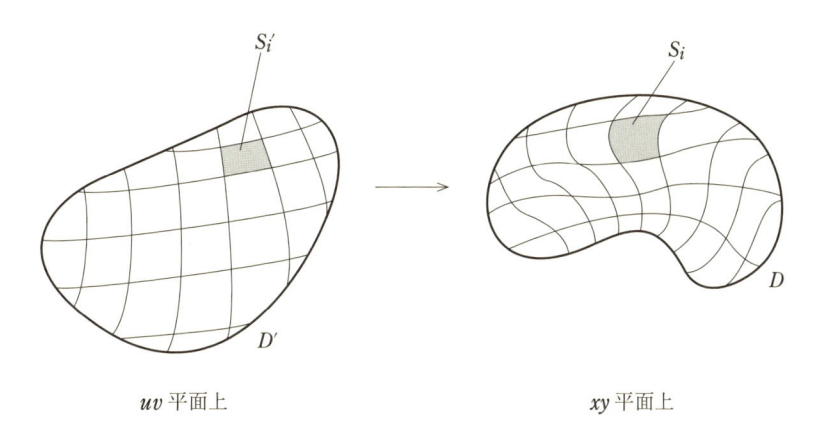

図 **6.13**

2 重積分 $\iint_D f(x,y)\,dxdy$ は和 $\sum f(x,y) S_i$ の（分割を無限に細かくした）極限である．この和を関係 $x = x(u,v),\ y = y(u,v)$ によって u,v の関数とみれば，
$$\sum f(x(u,v), y(u,v)) \left|\frac{\partial(x,y)}{\partial(u,v)}\right| S_i'$$
となる．この和の分割を無限に細かくした極限は
$\iint_{D'} f(x(u,v), y(u,v)) \left|\frac{\partial(x,y)}{\partial(u,v)}\right| dudv$ であるから，2 重積分における変数変換の公式
$$\iint_D f(x,y)\,dxdy = \iint_{D'} f(x(u,v), y(u,v)) \left|\frac{\partial(x,y)}{\partial(u,v)}\right| dudv$$
が成り立つことがわかる．

例　原点を中心とする半径 1 の円の内部を D とする．D 内にある点 P を極座標 r, θ で表すと，r, θ はそれぞれ $0 \leqq r \leqq 1$, $0 \leqq \theta \leqq 2\pi$ の範囲にある．したがって，変換

$$x = r\cos\theta, \ y = r\sin\theta$$

によって $r\theta$ 平面上の領域

$$D': 0 \leqq r \leqq 1, \ 0 \leqq \theta \leqq 2\pi$$

が xy 平面上の領域 D に対応している（図 6.14）．

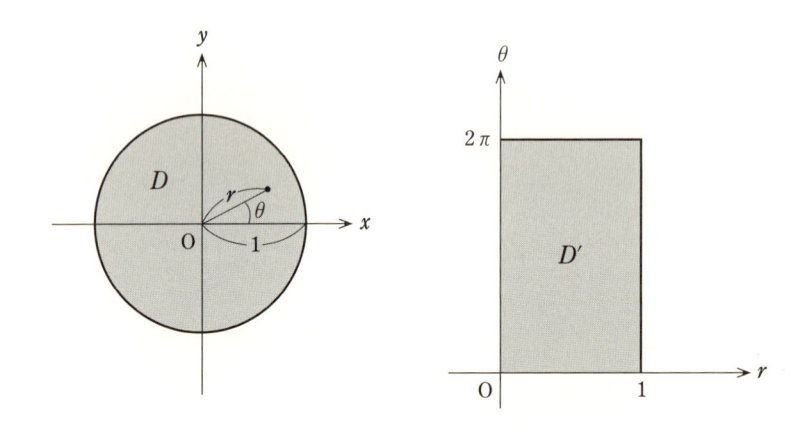

図 6.14

面積要素の比率は §5.5 で見たように，

$$\frac{\partial(x, y)}{\partial(r, \theta)} = r$$

である．よって，積分 $\iint_D dxdy$ は，

$$\iint_{D'} r\, drd\theta = \int_0^{2\pi} \int_0^1 r\, dr = \int_0^{2\pi} \left\{\frac{1}{2}[r^2]_0^1\right\} d\theta = \pi$$

となる．

問題 6.2.1. xy 平面上の以下の領域は，極座標で表せば $r\theta$ 平面上のいかなる領域が対応するか図示せよ．
(1) 原点中心，半径 $a\ (a > 0)$ の円の内部
(2) 原点中心，半径 5 の円の上半分（図 6.15）

(3) 原点中心，半径 1 の円の第 1 象限部分（図 6.16）
(4) 原点中心，半径 1 の円と原点中心，半径 2 の円で挟まれた円環領域（図 6.17）

問題 6.2.2. 次の積分を極座標に変換して計算せよ．

(1) （D は問題 6.2.1 (2) の領域）$\iint_D (x+y)\,dxdy$

(2) （D は問題 6.2.1 (1) の領域）$\iint_D x^2\,dxdy$

(3) （D は問題 6.2.1 (1) の領域）$\iint_D (y^2+1)\,dxdy$

(4) （D は問題 6.2.1 (4) の領域）$\iint_D dxdy$

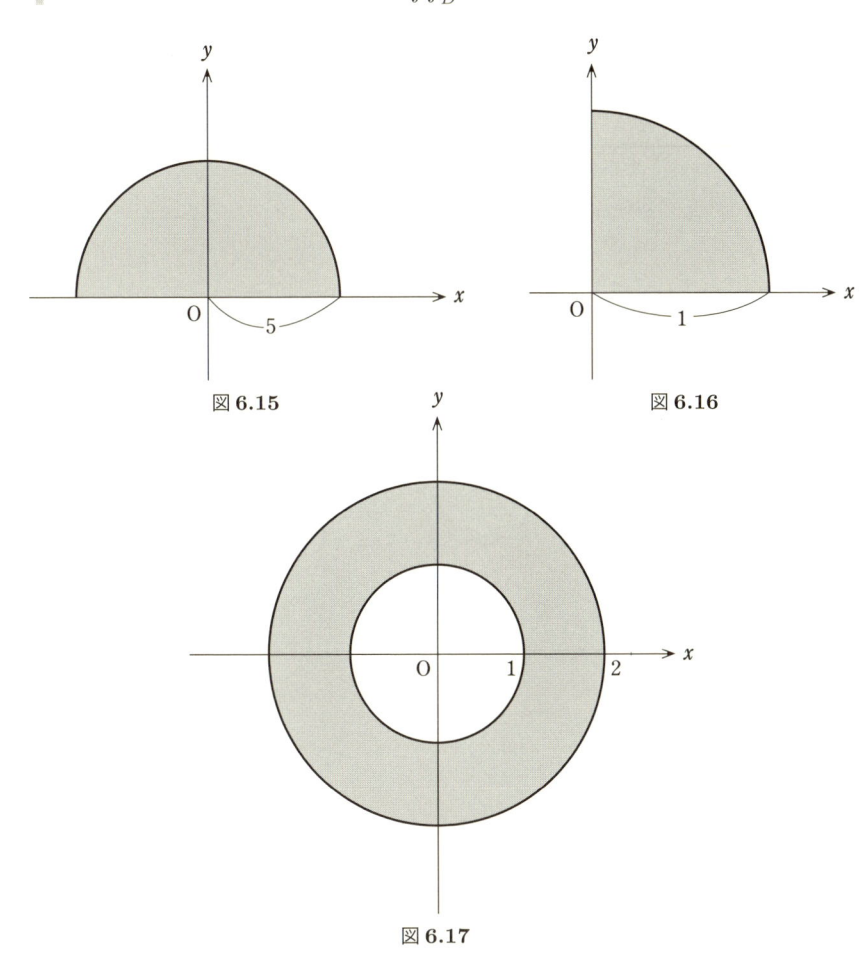

図 6.15

図 6.16

図 6.17

■ 曲面積 ■ ここでは重積分の応用として，曲面の面積を求めることを考える．

空間において，方程式
$$(*) \quad z = f(x, y)$$
で表される曲面があるとする．

点 P における曲面上の面積要素を $\Delta S'$ とし，その xy 平面への射影（z 軸に平行な光による xy 平面への射影）を ΔS とする（図 6.18）．

$\Delta S'$ と ΔS は異なるので，その比率を考える．$\Delta S'$ における曲面 $(*)$ の接平面と xy 平面とはある角度 θ で交わる（交わらないときは $\theta = 0$ とする）．図 6.19 はその接平面と xy 平面がともに直線に見える位置から（交線上から）見た図である．

この図から，$\Delta S'$ と ΔS のあいだには
$$\Delta S' \cdot \cos\theta = \Delta S$$
という関係があることがわかる．接平面の法線ベクトルは
$$\vec{d} = \left(-\frac{\partial f}{\partial x},\ -\frac{\partial f}{\partial y},\ 1\right)$$
であり（§5.7 参照，そこでは法線ベクトルは $\left(\dfrac{\partial f}{\partial x},\ \dfrac{\partial f}{\partial y},\ -1\right)$ となっているが，ここでは θ が 90° を越えないようにするために法線ベクトルを上向きにとる），xy 平面の法線ベクトルは $\vec{a} = (0, 0, 1)$ である．θ はこの 2 つのベクトルが交わ

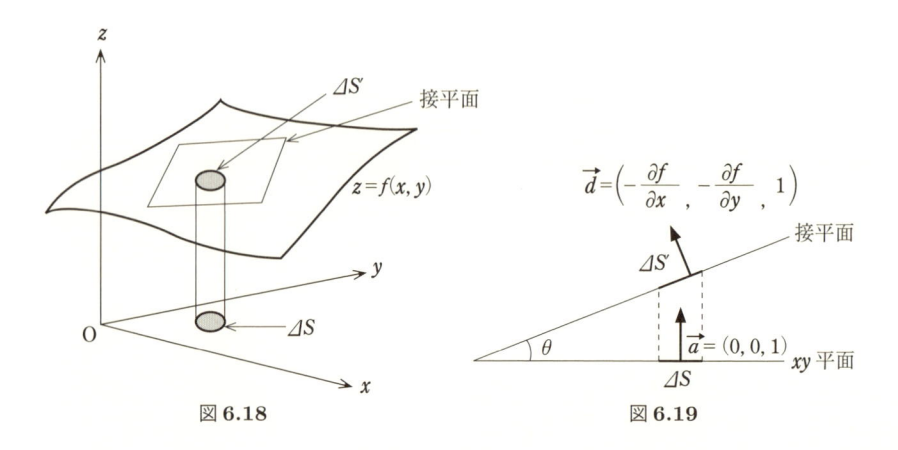

図 6.18

図 6.19

る角度であるから，$\vec{a}$ と $\vec{d}$ の内積は，

$$(\vec{a},\ \vec{d}) = ||\vec{a}|| \cdot ||\vec{d}|| \cdot \cos\theta = 1 \cdot \sqrt{\left(\frac{\partial f}{\partial x}\right)^2 + \left(\frac{\partial f}{\partial y}\right)^2 + 1} \cdot \cos\theta$$

となる（ここで $||\vec{a}||$ は $\vec{a}$ の長さを表す）．

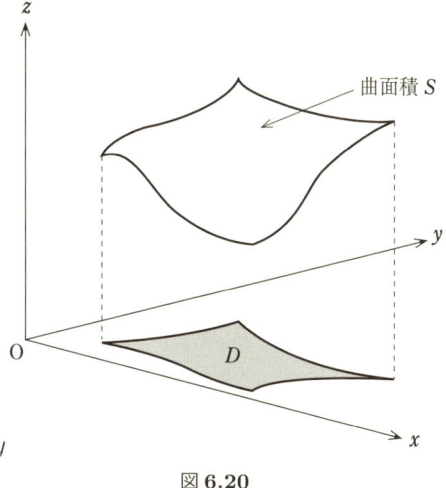

一方，$\vec{a}$ と $\vec{d}$ の成分から

$$(\vec{a},\ \vec{d}) = 0 \cdot \left(-\frac{\partial f}{\partial x}\right) + 0 \cdot \left(-\frac{\partial f}{\partial y}\right) + 1 \cdot 1 = 1$$

であるので，これらより

$$\frac{1}{\cos\theta} = \sqrt{\left(\frac{\partial f}{\partial x}\right)^2 + \left(\frac{\partial f}{\partial y}\right)^2 + 1},$$

したがって，

$$\Delta S' = \frac{1}{\cos\theta}\Delta S = \sqrt{\left(\frac{\partial f}{\partial x}\right)^2 + \left(\frac{\partial f}{\partial y}\right)^2 + 1} \cdot \Delta S$$

となる．

求める曲面部分の xy 平面への射影が領域 D であるとすれば，曲面の面積 S は $\Delta S'$ の和

$$\sum \Delta S' = \sum \sqrt{\left(\frac{\partial f}{\partial x}\right)^2 + \left(\frac{\partial f}{\partial y}\right)^2 + 1} \cdot \Delta S$$

の（分割を無限に細かくした）極限であるから，

$$S = \iint_D \sqrt{\left(\frac{\partial f}{\partial x}\right)^2 + \left(\frac{\partial f}{\partial y}\right)^2 + 1}\ dxdy$$

となる．

図 6.20

例　半径 a の球の表面積を求める．

球の方程式 $x^2+y^2+z^2=a^2$ より，球の上半部分では
$$z=\sqrt{a^2-(x^2+y^2)}$$
と表される．xy 平面の図 6.22 の D に対応する部分が上半部分の 1/4 であるから，これを 8 倍すれば球の表面積全体になる．

$$\frac{\partial z}{\partial x}=-\frac{x}{\sqrt{a^2-(x^2+y^2)}},$$
$$\frac{\partial z}{\partial y}=-\frac{y}{\sqrt{a^2-(x^2+y^2)}}$$

より，球の表面積を S とすれば，
$$\frac{1}{8}S=\iint_D\sqrt{\left(\frac{\partial z}{\partial x}\right)^2+\left(\frac{\partial z}{\partial y}\right)^2+1}\,dxdy$$
$$=\iint_D\frac{a}{\sqrt{a^2-(x^2+y^2)}}\,dxdy$$

$x=r\cos\theta,\ y=r\sin\theta$ により極座標に変換する (§6.2)．$r\theta$ 平面の，$0\leqq r\leqq a,\ 0\leqq\theta\leqq\frac{\pi}{2}$ で表される領域を D' とすれば，

図 6.21

図 6.22

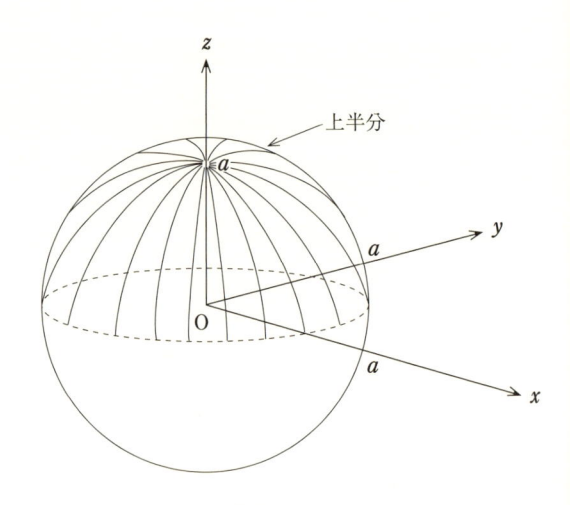

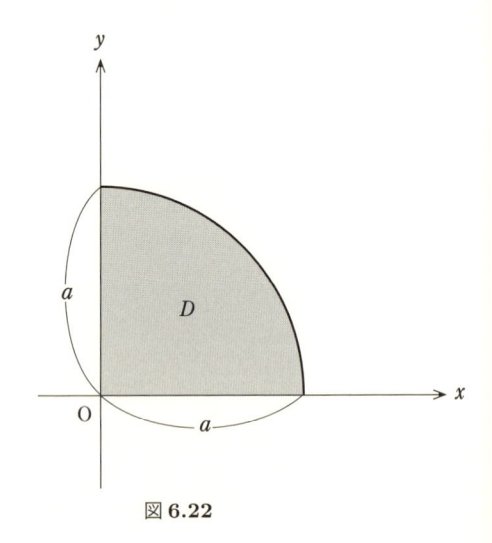

$$\frac{1}{8}S=\iint_{D'}\frac{ar}{\sqrt{a^2-r^2}}\,drd\theta=\int_0^{\frac{\pi}{2}}d\theta\int_0^a\frac{ar}{\sqrt{a^2-r^2}}\,dr$$

となる．
$$\int_0^a\frac{ar}{\sqrt{a^2-r^2}}\,dr=\left[-a\sqrt{a^2-r^2}\right]_0^a=a^2$$

であるから，
$$\frac{1}{8}S = \int_0^{\frac{\pi}{2}} a^2\,d\theta = a^2\bigl[\theta\bigr]_0^{\frac{\pi}{2}} = \frac{\pi a^2}{2}.$$
よって，半径 a の球の表面積は $4\pi a^2$ となる．

問題 6.2.3. 曲面 $z = xy$ の，xy 平面上で $x^2 + y^2 \leqq 1$ に対応する部分の曲面積を求めよ．

異常積分への応用 積分

$\int_0^{+\infty} e^{-x^2}dx$ は第 2 種の異常積分である (§4.3)．この積分は，直接に原始関数から計算することはできないが，重積分を用いて求めることができる．

正の数 a に対して，原点中心，半径 a の円の（周および）内部の，第 1 象限にある部分を $A(a)$，不等式 $0 \leqq x, y \leqq a$ で表される領域を $B(a)$，原点中心，半径 $\sqrt{2}a$ の円の（周および）内部の，第 1 象限にある部分を $C(a)$ とする（図 6.23）．

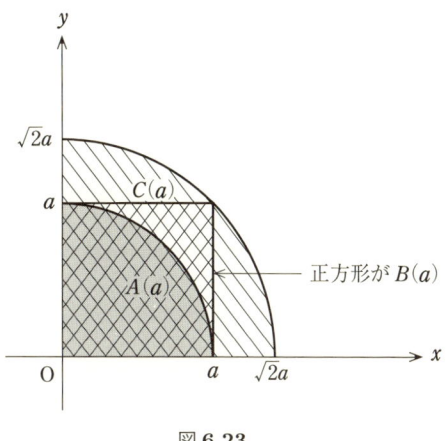

図 6.23

これらの領域のあいだには
$$A(a) \subseteq B(a) \subseteq C(a)$$
という包含関係がある．

関数 $f(x,y) = e^{-(x^2+y^2)}$ の値はつねに正である．したがって，この関数を上の各領域で積分したもののあいだには，
$$\iint_{A(a)} f(x,y)\,dxdy < \iint_{B(a)} f(x,y)\,dxdy < \iint_{C(a)} f(x,y)\,dxdy$$
という関係がある．

$r\theta$ 平面上の, $0 \leqq r \leqq a$, $0 \leqq \theta \leqq \dfrac{\pi}{2}$ で表される領域を D' とすれば,

$$\iint_{A(a)} f(x,y)\,dxdy = \iint_{D'} e^{-r^2} r\,drd\theta = \int_0^{\frac{\pi}{2}} d\theta \int_0^a e^{-r^2} r\,dr$$
$$= \frac{\pi}{4}\left(1 - e^{-a^2}\right)$$

である. 同様に,

$$\iint_{C(a)} f(x,y)\,dxdy = \frac{\pi}{4}\left(1 - e^{-2a^2}\right).$$

また, $B(a)$ は正方形であるから,

$$\iint_{B(a)} f(x,y)\,dxdy = \left\{\int_0^a e^{-x^2} dx\right\} \cdot \left\{\int_0^a e^{-y^2} dy\right\} = \left\{\int_0^a e^{-x^2} dx\right\}^2$$

となる. したがって,

$$\frac{\pi}{4}\left(1 - e^{-a^2}\right) < \left\{\int_0^a e^{-x^2} dx\right\}^2 < \frac{\pi}{4}\left(1 - e^{-2a^2}\right)$$

である. 明らかに $\int_0^a e^{-x^2} dx > 0$ であるので, 平方根をとれば

$$\frac{\sqrt{\pi}}{2}\sqrt{1 - e^{-a^2}} < \int_0^a e^{-x^2} dx < \frac{\sqrt{\pi}}{2}\sqrt{1 - e^{-2a^2}}$$

となる. $a \to \infty$ のとき, $\dfrac{\sqrt{\pi}}{2}\sqrt{1 - e^{-a^2}}$, $\dfrac{\sqrt{\pi}}{2}\sqrt{1 - e^{-2a^2}}$ はともに $\dfrac{\sqrt{\pi}}{2}$ に収束するので,

$$\int_0^{+\infty} e^{-x^2} dx = \lim_{a \to \infty} \int_0^a e^{-x^2} dx = \frac{\sqrt{\pi}}{2}.$$

問題 6.2.4. 関数 $f(x,y) = \dfrac{1}{\sqrt{2\pi}\sigma} e^{-\frac{(x-\mu)^2}{2\sigma^2}}$ は平均 μ, 分散 σ^2 $(\sigma > 0)$ の正規分布の密度関数である. これが

$$\frac{1}{\sqrt{2\pi}\sigma} \int_{-\infty}^{+\infty} e^{-\frac{(x-\mu)^2}{2\sigma^2}}\,dx = 1$$

をみたすことを示せ.

§6.3　3重積分

平面において2重積分を考えたように，空間において3重積分を考えることができる．

D は空間の部分集合で，有界閉集合であるとする．$f(x,y,z)$ は D において定義された連続な関数であるとする．

D を小さい空間領域 v_i ($1 \leqq i \leqq n$) に分け，各 v_i から代表点 P_i をとる．2重積分の場合と同様に，空間領域 v_i への分割を無限に細かくするとき，和

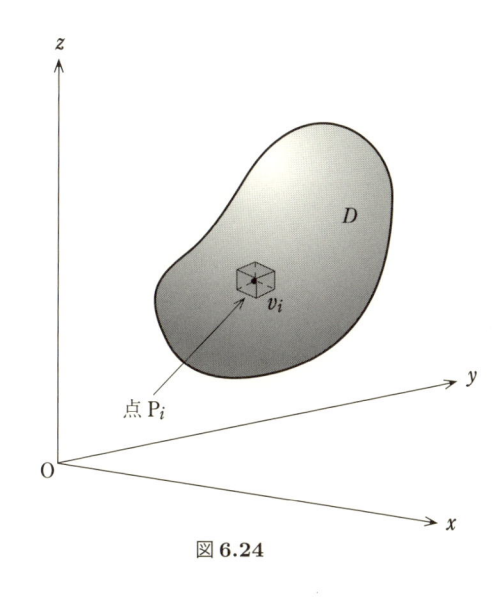

$$(*) \quad \sum_{i=1}^{n} f(P_i) v_i \quad \text{（空間領域 } v_i \text{ の体積を同じ記号 } v_i \text{ で表す）}$$

は（途中の分割の仕方に無関係に）ある極限値に近づく．この極限値を

$$\iiint_D f(P)\, dv \quad \text{または} \quad \iiint_D f(x,y,z)\, dxdydz$$

で表し，これを関数 $f(x,y,z)$ の D における **3重積分** という．

2重積分を累次積分に帰着したように，3重積分を2重積分に帰着させることができる．

与えられた空間領域 D が，z 座標で $z=a$ から $z=b$ までにわたっているとする．領域 D を z 座標が z である平面で切った切断面を S_z とする．Δz を微小な正の数として，S_z と $S_{z+\Delta z}$ で挟まれた円盤状の領域 $B(z, \Delta z)$ を考える．

Δz が十分に小さいものとすれば，この円盤状の領域においては近似的に，z 座標は一定の z であるとみることができる．

円盤状の領域 $B(z, \Delta z)$ の，xy 平面上への射影が微小な領域 Δs となる部分領域を Δv とすると，$\Delta v = \Delta s \cdot \Delta z$ である．S_z を微小な領域 Δs に細分すれば，円盤状の領域 $B(z, \Delta z)$ はこのような Δv に細分される．

図 **6.24**

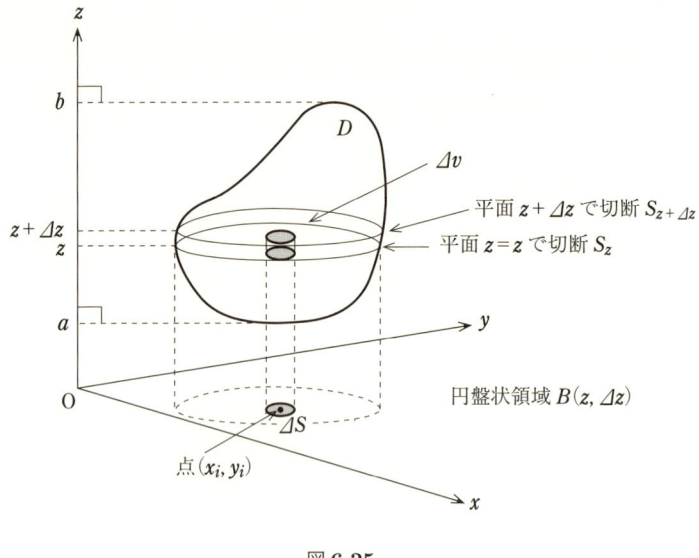

図 **6.25**

xy 平面上で各 Δs から代表点 (x_i, y_i) を適当に選べば, 点 (x_i, y_i, z) は Δv に属する点であり, 円盤状の領域 $B(z, \Delta z)$ における和 $(*)$ は,

$$(**) \quad \sum f(x_i, y_i, z)\Delta v = \left\{\sum f(x_i, y_i, z)\Delta s\right\}\Delta z$$

となる.

S_z の部分領域 Δs への分割が十分に細かいものとすれば, 上の $\sum f(x_i, y_i, z)\Delta s$ は近似的に, 2 重積分

$$\iint_{S_z} f(x, y, z)\,dxdy$$

に等しい.

この積分値を z の関数 $G(z)$ とみれば, 上の和 $(**)$ は $G(z)\Delta z$ と表される. z 座標の $z = a$ から $z = b$ までの区間を

$$(\sharp) \quad a = z_0 < z_1 < \cdots < z_i < z_{i+1} < \cdots < z_m = b$$

に細分し，空間領域 D 全体を S_{z_i} と $S_{z_{i+1}}$ で挟まれた円盤状領域に分けて考えれば，D 全体での和 (∗) は，

$$\sum G(z_i) \Delta z$$

となる（$\sum$ はすべての円盤状領域にわたる和）．

z 座標の分割 (♯) が十分に細かいものとすれば，$\sum G(z_i) \Delta z$ は近似的に

$$\int_a^b G(z) \, dz$$

に等しい．

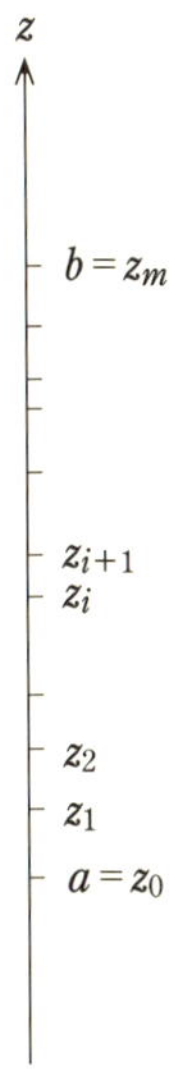

これは考え方の概略を述べたのであって，正確には近似を評価する必要があるが，空間領域の分割を無限に細かくすることにより，3 重積分 $\iiint_D f(x,y,z) \, dxdydz$ は

$$\int_a^b \left\{ \iint_{S_z} f(x,y,z) \, dxdy \right\} dz$$

図 6.26

に等しいことがわかる．

これは

$$\int_a^b dz \iint_{S_z} f(x,y,z) \, dxdy$$

とも書き表される．

例 空間において，原点を中心とする半径が 1 の球の内部（および境界）を D とする．この範囲で定義された関数 $f(x,y,z) = x + 2y - z^2$ の 3 重積分を求める．

問題の球は，z 座標が -1 から 1 までの範囲にわたっているので，

$$\iiint_D f(x,y,z) \, dxdydz = \int_{-1}^1 dz \iint_{S_z} (x + 2y - z^2) \, dxdy,$$

ここで S_z は z 座標が z である平面による切断面である．

問題の球の方程式は $x^2 + y^2 + z^2 = 1$ である．切断面の方程式は z を固定して，

$$x^2 + y^2 = 1 - z^2$$

となる（原点を中心とする，半径 $\sqrt{1-z^2}$ の円）．
$$\iint_{S_z} (x+2y-z^2)\,dxdy$$
を極座標に変換する．$r\theta$ 平面上 $0 \leqq r \leqq \sqrt{1-z^2}$, $0 \leqq \theta \leqq 2\pi$ で表される領域を D' とすれば，
$$\iint_{S_z} (x+2y-z^2)\,dxdy = \iint_{D'} (r\cos\theta + 2r\sin\theta - z^2)r\,drd\theta$$
$$= \int_0^{2\pi} d\theta \int_0^{\sqrt{1-z^2}} \{(\cos\theta + 2\sin\theta)r^2 - z^2 r\}\,dr.$$
ここで，
$$\int_0^{\sqrt{1-z^2}} \{(\cos\theta + 2\sin\theta)r^2 - z^2 r\}\,dr$$
$$= (\cos\theta + 2\sin\theta)\left[\frac{1}{3}r^3\right]_{r=0}^{r=\sqrt{1-z^2}} - z^2 \left[\frac{1}{2}r^2\right]_{r=0}^{r=\sqrt{1-z^2}}$$
$$= \frac{1}{3}(\cos\theta + 2\sin\theta)(1-z^2)^{\frac{3}{2}} - \frac{1}{2}z^2(1-z^2)$$
であるので，
$$\iint_{S_z} (x+2y-z^2)\,dxdy$$
$$= \frac{1}{3}(1-z^2)^{\frac{3}{2}}\{[\sin\theta]_0^{2\pi} - 2[\cos\theta]_0^{2\pi}\} - \frac{1}{2}z^2(1-z^2)[\theta]_0^{2\pi}$$
となる．この第 1 の項は 0 で，第 2 の項は $-\pi z^2(1-z^2)$ となる．よって，求める積分は，
$$-\pi \int_{-1}^{1} z^2(1-z^2)\,dz = -\pi \int_{-1}^{1} (z^2 - z^4)\,dz$$
$$= -\pi \left\{\frac{1}{3}[z^3]_{-1}^{1} - \frac{1}{5}[z^5]_{-1}^{1}\right\} = -\frac{4\pi}{15}$$
となる．

　与えられた空間領域 D で恒等的に 1 である関数を積分したもの
$$\iiint_D 1\,dxdydz = \iiint_D dxdydz$$
は D の体積である．

領域 D が z 座標で $z = a$ から $z = b$ にわたっているとき, z 座標 z における D の切断面の面積を A_z とすれば, D の体積は $\int_a^b A_z \, dz$ で表される.

問題 6.3.1. 空間において, 原点を中心とする半径 2 の球の, xy 平面より上の部分 ($z \geqq 0$ の部分) を D とする. 次の積分値を求めよ.

(1) $\iiint_D (x^2 + y - 2z) \, dxdydz$ (2) $\iiint_D dxdydz$

問題 6.3.2. 原点を中心とする半径 a $(a > 0)$ の球の体積 V を次のように求めよ.
(1) z 座標が z $(-a \leqq z \leqq a)$ である平面によるこの球の切断面の面積 A_z を求めよ.
(2) $V = \int_{-a}^a A_z \, dz$ を求めよ.

問題 6.3.3. 原点を中心とする半径 1 の球の, $z \geqq \dfrac{1}{\sqrt{2}}$ の部分の体積を求めよ.

▲▽▲▽▲▽▲▽▲▽ 章末問題 6 ▲▽▲▽▲▽▲▽▲▽

1. xy 平面上の, 次の不等式で表された領域 D を図示し, 与えられた関数 $f(x, y)$ について 2 重積分 $\iint_D f(x, y) \, dxdy$ の値を求めよ.
   (1) $D : 0 \leqq x \leqq 1, \ 0 \leqq y \leqq x^3, \ f(x, y) = x^2 + y$
   (2) $D : x \geqq 0, \ y \geqq 0, \ x^2 + y^2 \leqq 2, \ f(x, y) = 1 + x$
   (3) $D : -1 \leqq x \leqq 0, \ 2x \leqq y \leqq x, \ f(x, y) = xy$

2. xy 平面上の領域 D は不等式 $\dfrac{x^2}{a^2} + \dfrac{y^2}{b^2} \leq 1$ で表される領域とする (a, b は正の定数). 2 重積分 $\iint_D (x^2 - 2y^2) \, dxdy$ を次の順序で求めよ.
   (1) 変数変換 $x = aX, \ y = bY$ によって, xy 平面上の領域 D は XY 平面上の領域 $X^2 + Y^2 \leqq 1$ に移されることを示せ.
   (2) さらに変数変換 $X = r\cos\theta, \ Y = r\sin\theta$ によって, XY 平面上の領域 $X^2 + Y^2 \leqq 1$ は $r\theta$ 平面上の, $0 \leqq r \leqq 1, \ 0 \leqq \theta \leqq 2\pi$ で表される領域 E に移されることを示せ.
   (3) $\dfrac{\partial(x, y)}{\partial(r, \theta)}$ を求めよ.
   (4) $\iint_D (x^2 - 2y^2) \, dxdy$ を領域 E における積分に変換して求めよ.

3. 曲面 $z = \tan^{-1}\dfrac{y}{x}$ の，xy 平面上への射影が原点中心，半径 a の円の第 1 象限となる部分の曲面積を求めよ．

4. 空間において，$z = x^2$, $y = 0$ で与えられる曲線を z 軸のまわりに 1 回転してできる曲面を G とする．
   (1) 曲面 G の方程式を求めよ．
   (2) 曲面 G の xy 平面上への射影が原点中心，半径 a の円に対応する部分の曲面積を求めよ．

5. 空間において，不等式 $x^2 + y^2 \leqq z \leqq 5$ で表される領域の体積を求めよ．

6. (1) 方程式 $z = a\sqrt{1 - (x^2 + y^2)}$ （a は正の定数）で表される空間領域を図示せよ．
   (2) 上の空間領域の体積を求めよ．

● 問題略解

第 1 章

問題 **1.1.1** (i) $\dfrac{x+1}{x-1}$ (ii) $\dfrac{1}{2\sqrt[3]{x}}$ (iii) -3 (iv) $(t+1)^2$ (v) 8 (vi) 1, $\dfrac{(1+\sqrt{5})^2}{4}$

問題 **1.1.2** (ii) $\sin\dfrac{\pi}{8} = \dfrac{\sqrt{2+\sqrt{2}}}{2}$, $\tan\left(-\dfrac{7\pi}{8}\right) = \sqrt{2}-1$

問題 **1.1.3** $\sin\theta = \dfrac{2t}{1+t^2}$, $\cos\theta = \dfrac{1-t^2}{1+t^2}$

問題 **1.1.4** (ii) $\log_2 128 = 7$, $\log_{0.1} 100 = -2$

問題 **1.2.1** (i) 世界で一番高い山はヒマラヤ山脈にはない．(ii) 私の両親の少なくとも一方はもう亡くなった．(iii) この 5 人の子供は皆女の子である．(iv) 1 本も木が生えていない山が存在する．(v) 方程式 $f(x) = 0$ は根をもたないか，あるいは 0 でない根をもつ．

問題 **1.2.2** (1) 逆「もし $a^2 = b^2$ ならば $a = b$ である」(偽) 裏「もし $a \neq b$ ならば $a^2 \neq b^2$ である」(偽) 対偶「もし $a^2 \neq b^2$ ならば $a^2 \neq b^2$ である」(真) (2) 逆「もし $a = 1, b = 1$ ならば $a + b = 2$ である」(真) 裏「もし $a + b \neq 2$ ならば a, b のうち少なくとも一方は 1 と異なる」(真) 対偶「もし $a, b = 1$ のうち少なくとも一方が 1 と異なるならば $a + b \neq 2$ である」(偽) (3) 逆「もし $ab > 0$ ならば $a < 0, b < 0$ である」(偽) 裏「もし $a \geqq 0$ か $b \geqq 0$ のどちらか（両方正しくてもよい）ならば，$ab \leqq 0$ である」(偽) 対偶「もし $ab \leqq 0$ ならば，$a \geqq 0$ か $b \geqq 0$ かどちらか（両方正しくてもよい）である」(真)

問題 **1.3.2** (1) $0 < \dfrac{1}{a} < \dfrac{1}{3}$ (2) $-20 < \dfrac{1}{a} - 2b < -\dfrac{17}{9}$

(3) $-17 < -10a + t < -4$ (4) $-2 < \dfrac{1}{x} - \dfrac{3}{b} < -\dfrac{9}{20}$

(5) $\dfrac{100}{101} < \dfrac{1}{a} < \dfrac{100}{99}$ (6) $\dfrac{3110}{2211} < \dfrac{1}{a} + \dfrac{1}{b} < \dfrac{2890}{1791}$

問題 **1.3.3** (1) $x = 0, 3$ (2) $x = \dfrac{\sqrt{3}}{\sqrt{2}}, -\dfrac{\sqrt{3}}{\sqrt{2}}, \dfrac{1}{\sqrt{2}}, -\dfrac{1}{\sqrt{2}}$

問題 **1.3.4** $[7] = 7$, $[6.99] = 6$, $[7.001] = 7$, $\left[8 + \dfrac{1}{10000}\right] = 8$, $\left[8 - \dfrac{1}{10000}\right] = 7$

第 1 章の章末問題

1. (1) 必要条件 (2) 必要条件でも十分条件でもない (3) 十分条件 (4) 必要条件 (5) 必要十分条件 (6) 十分条件 (7) 十分条件 (8) 十分条件 (9) 必要条件

(10) 十分条件

2. $|a| = -1$ をみたす実数 a は存在しない.

3. (1) 真 (2) 真 (3) 真 (4) 真 (5) 偽

4. (1) $a \in \bigcap_{n=1}^{\infty} I_n$ とする. $a \in I_1$ より $a > 0$ である. 十分大きい自然数 n をとれば $n > \dfrac{1}{a}$ となる. このとき $a > \dfrac{1}{n}$ であるから a は I_n に入らない. これは矛盾.

6. (2) $(a+b)^2 = a^2 + 2ab + b^2$, $(a+b)^3 = a^3 + 3a^2b + 3ab^2 + b^3$, $(a+b)^5 = a^5 + 5a^4b + 10a^3b^2 + 10a^2b^3 + 5ab^4 + b^5$

第 2 章

問題 2.1.1 (1) $a_n = \dfrac{1}{2n+4}$ (2) $a_n = \dfrac{1}{2^{n-1}}$ (3) $a_n = 2 \cdot \left(-\dfrac{1}{3}\right)^{n-1}$

(4) $a_n = \dfrac{1}{n} + (-1)^n$

問題 2.1.2 (1) $a_1 = 2$, $a_2 = \dfrac{3}{4}$, $a_3 = \dfrac{4}{9}$, $a_4 = \dfrac{5}{16}$, $a_5 = \dfrac{6}{25}$, $a_6 = \dfrac{7}{36}$, $a_7 = \dfrac{8}{49}$, $a_8 = \dfrac{9}{64}$, $a_9 = \dfrac{10}{81}$, $a_{10} = \dfrac{11}{100}$ (2) $a_1 = 0$, $a_2 = \dfrac{3}{2}$, $a_3 = -\dfrac{2}{3}$, $a_4 = \dfrac{5}{4}$, $a_5 = -\dfrac{4}{5}$, $a_6 = \dfrac{7}{6}$, $a_7 = -\dfrac{6}{7}$, $a_8 = \dfrac{9}{8}$, $a_9 = -\dfrac{8}{9}$, $a_{10} = \dfrac{11}{10}$ (3) $a_1 = \dfrac{1}{\sqrt{2}}$, $a_2 = 1$, $a_3 = \dfrac{1}{\sqrt{2}}$, $a_4 = 0$, $a_5 = -\dfrac{1}{\sqrt{2}}$, $a_6 = -1$, $a_7 = -\dfrac{1}{\sqrt{2}}$, $a_8 = 0$, $a_9 = \dfrac{1}{\sqrt{2}}$, $a_{10} = 1$

問題 2.1.4 (2) たとえば奇数番目の項だけとれば -1 に, 偶数番目の項だけとれば 1 にそれぞれ収束する (他にもある).

問題 2.1.5 たとえば, $a_n = \dfrac{1}{n}$. つねに $a_n > 0$ であるが $\lim_{n \to \infty} a_n = 0$ である.

問題 2.2.1 (1) $S_n = \dfrac{a(1-r^n)}{1-r}$ (2) $\lim_{n \to \infty} S_n = \dfrac{a}{1-r}$ (3) $\dfrac{10}{3}$

問題 2.2.2 $a_3 = 2$, $a_4 = 3$, $a_5 = 5$, $a_6 = 8$, $a_7 = 13$, $a_8 = 21$, $a_9 = 34$, $a_{10} = 55$

問題 2.2.3 (3) 2

問題 2.3.1 (1) 1 (2) $\dfrac{3}{2}$ (3) 4

問題 2.3.2 (1) $\dfrac{1}{2\sqrt{a}}$ (2) $3a^2$

問題 2.3.3 $\lim_{x \to +0} f(x) = 1$, $\lim_{x \to -0} f(x) = -1$

問題 2.3.4 (1) $\lim_{x \to -\infty} f(x) = c$ とは, 任意の正の数 ε に対してある負の数 L が存在して, $x < L$ ならば $|f(x) - c| < \varepsilon$ となることをいう (任意の数 ε に対してある数 L が存在して, $x < L$ ならば $|f(x) - c| < \varepsilon$ となることをいうとしても同じ).

(2) $\lim_{x \to +\infty} f(x) = +\infty$ とは，任意の正の数 A に対してある正の数 M が存在して，$x > M$ ならば $f(x) > A$ となることをいう（任意の数 A に対してある数 M が存在して，$x > M$ ならば $f(x) > A$ となることをいうとしても同じ）．

問題 2.4.1 (1) $0 < \delta < \dfrac{1}{1001}$ の範囲であればよい． (2) $0 < \delta < \dfrac{1}{10001}$
(3) $0 < \delta < \dfrac{1}{1000010}$

問題 2.4.2 (1) $h(x) = \dfrac{1}{x^2 + 1} - 1$ (2) $\lim_{x \to 1} h(x) = -\dfrac{1}{2}$

問題 2.4.3 (1) $I = [a, a + \varepsilon]$ を幅 $\varepsilon > 0$ の区間とする（開区間，半開区間でも同様）．Archimedes の公理（§1.3）により，十分大きい自然数 N をとれば $N\varepsilon > 1$ となる．区間 $[Na, N(a+\varepsilon)]$ は幅が 1 より大きい．整数は実数体上に間隔 1 で等間隔に並んでいるものであるから，区間 $[Na, N(a+\varepsilon)]$ に入っている整数 n が少なくとも 1 つある．$Na \leqq n \leqq N(a+\varepsilon)$ であるから，$a \leqq \dfrac{n}{N} \leqq (a+\varepsilon)$．したがって，有理数 $r = \dfrac{n}{N}$ は区間 $I = [a, a+\varepsilon]$ に入っている．

(2) 仮に $\sqrt{2}$ が有理数であるとすると，$\sqrt{2} = \dfrac{b}{a}$（a, b は自然数で共通の素因子をもたない）と書き表すことができる．$2a^2 = b^2$，左辺は 2 の倍数であるから b も 2 の倍数である．$b = 2n$（n は自然数）とすると，$2a^2 = 4n^2$，よって $a^2 = 2n^2$．したがって，a も 2 の倍数である．これは a, b が共通の素因子をもたないという仮定に反する．

(3) 仮に $\sqrt{2}a + b = c$ が有理数であるとすると，$\sqrt{2} = \dfrac{c - b}{a}$ となる．この右辺は有理数であるから (2) で証明したことに反する．

(4) $I = [a, a+\varepsilon]$ を幅 ε の区間とする（開区間，半開区間でも同様）．(1) と同様に，Archimedes の公理により，十分大きい自然数 N をとれば $N\varepsilon > 1$ となる．$\sqrt{2} + k$（k は整数）の形の数は実数体上に間隔 1 で等間隔に並んでいるものであるから，(1) と同様に，ある整数 k について $\sqrt{2} + k$ は区間 $[Na, N(a+\varepsilon)]$ に入っている．このとき $a \leqq \dfrac{\sqrt{2}}{N} + \dfrac{k}{N} \leqq a + \varepsilon$ であるから，無理数 $\dfrac{\sqrt{2}}{N} + \dfrac{k}{N}$ は区間 I に入っている．

(5) 区間は任意に多くの区間に分割することができる．各区間には少なくとも 1 つの有理数と少なくとも 1 つの無理数が含まれる．したがって，任意の区間には無限個の有理数と無限個の無理数が含まれる．

問題 2.4.5 (2) $f(x) = \sin x - c$ とする．$f\left(-\dfrac{\pi}{2}\right) = -1 - c < 0$，$f\left(\dfrac{\pi}{2}\right) = 1 - c > 0$，したがって，中間値の定理より $f(x_0) = 0$ となる x_0 が $-\dfrac{\pi}{2} < x_0 < \dfrac{\pi}{2}$ の範囲に存在する．

問題 2.4.6 (1) $f(x) = x^3 \left(a_0 + \dfrac{a_1}{x} + \dfrac{a_2}{x^2}\right)$，$x \to +\infty$ のとき $x^3 \to +\infty$，$\dfrac{a_1}{x} \to +\infty$，$\dfrac{a_2}{x^2} \to +\infty$ であるから $f(x) \to +\infty$ $(x \to +\infty)$．$f(x) \to -\infty$ $(x \to -\infty)$ も同様．

(2) (1) より十分大きい数 M について $f(M) > 0$，また十分小さい数 L について

$f(L) < 0$. $f(x)$ は連続であるから，中間値の定理により $f(x_0) = 0$ となる x_0 が $L < x_0 < M$ の範囲に存在する．

問題 2.4.7 (1) $f(0) = f(2\pi) = 1$ が最大値，$f(\pi) = -1$ が最小値．
(2) $f(2) = \dfrac{1}{2}$ が最大値，$f(3) = \dfrac{1}{3}$ が最小値．
(3) $f(1) = 1$ が最大値，$f(0) = 0$ が最小値．
(4) $f(2) = 5$ が最大値，$f(1) = 0$ が最小値．

問題 2.5.1 (1) $f^{-1}(x) = \sqrt[3]{2(x+1)}$ (2) $f^{-1}(x) = \dfrac{1}{5}(x^2 - 1)$
(3) $f^{-1}(x) = \sqrt{\log_a x - 1}$

問題 2.5.2 (1) $\dfrac{\pi}{6}$ (2) $-\dfrac{\pi}{6}$ (3) $\dfrac{\pi}{3}$ (4) $-\dfrac{\pi}{3}$ (5) $\dfrac{\pi}{4}$ (6) $-\dfrac{\pi}{2}$
(7) 0 (8) $\dfrac{\pi}{3}$ (9) $\dfrac{5\pi}{6}$ (10) π (11) $\dfrac{\pi}{4}$ (12) $\dfrac{\pi}{3}$ (13) $-\dfrac{\pi}{3}$
(14) 0 (15) $-\dfrac{\pi}{6}$ (16) $-\dfrac{\pi}{4}$

問題 2.5.3 $\tan \alpha = a$, $\tan \beta = b$ $\left(-\dfrac{\pi}{2} < \alpha, \beta < \dfrac{\pi}{2}\right)$ とする．$\tan(\alpha + \beta) = \dfrac{a+b}{1-ab}$ であるから，$-\dfrac{\pi}{2} < \alpha + \beta < \dfrac{\pi}{2}$ ならば $\tan^{-1} \dfrac{a+b}{1-ab} = \alpha + \beta$, $\dfrac{\pi}{2} < \alpha + \beta < \pi$ ならば $\tan^{-1} \dfrac{a+b}{1-ab} = \alpha + \beta - \pi$, $-\pi < \alpha + \beta < -\dfrac{\pi}{2}$ ならば $\tan^{-1} \dfrac{a+b}{1-ab} = \alpha + \beta + \pi$.

第 2 章の章末問題

1. (1) $-\dfrac{1}{2}$ へ収束 (2) 3 へ収束 (3) 0 へ収束 (4) 発散 (5) 0 へ収束

2. (2) $\lim\limits_{n \to \infty} a_n = \lim\limits_{n \to \infty} b_n = 1$

3. (1) 2 つの数 a, b について一般に相加平均 $\dfrac{a+b}{2}$ は相乗平均 $\sqrt{ab}$ より大きいかまたは等しい．等しくなるのは $a = b$ のときに限る．(2) 数学的帰納法による．仮に $a_n < b_n$ とすると，$a_n = \sqrt{a_n{}^2} < \sqrt{a_n b_n} = a_{n+1} < b_{n+1} = \dfrac{1}{2}(a_n + b_n) < \dfrac{1}{2}(b_n + b_n) = b_n$
(3) $a_n = \sqrt{a_n{}^2} < \sqrt{a_n b_n}$ より $a_n + b_n - 2\sqrt{a_n b_n} < b_n - a_n$. よって $b_{n+1} - a_{n+1} = \dfrac{1}{2}(a_n + b_n) - \sqrt{a_n b_n} < \dfrac{1}{2}(b_n - a_n)$. したがって，$b_{n+1} - a_{n+1} < \dfrac{1}{2^n}(b - a) \to 0 \ (n \to \infty)$. (4) Cantor の公理により $\bigcap\limits_{n=1}^{\infty} I_n$ に属する数 c が存在する．ε を任意の正の数とする．I_N の幅 $b_N - a_N$ が ε より小さくなるような自然数 N が存在する．$n > N$ のとき，$\alpha \in [a_n, b_n]$ より，$|a_n - \alpha| \leqq b_n - a_n < b_N - a_N < \varepsilon$. よって，$a_n \to \alpha \ (n \to \infty)$. b_n についても同様．

4. (1) $a < a_n < a + \dfrac{c}{b} \ (n \geqq 2)$

(3) (2) より $-\dfrac{a_{n+2} - a_{n+1}}{a_{n+1} - a_n} = \dfrac{a_{n+1} - a}{a_{n+1} + b}$ $(*)$, $a_{n+1} > 0, b \geqq 0$ より $(*) > 0$. また, $a_{n+1} + b > a_{n+1} - a$ より $(*) < 1$.

(4) $a_2 \geqq a_1$ とする. (2) より $a_3 \leqq a_2, a_4 \geqq a_3, a_5 \leqq a_4, \cdots$. (3) より $-\dfrac{a_3 - a_2}{a_2 - a_1} < 1$, これから $a_3 > a_1$. また, $-\dfrac{a_4 - a_3}{a_3 - a_2} < 1$ より $a_4 < a_2$. 以下同様にして, $\{a_{2n}\}_{n=1}^{\infty}$ は単調減少, $\{a_{2n+1}\}_{n=1}^{\infty}$ は単調増加であることがわかる. おのおの有界であるから収束する. $a_2 \leqq a_1$ の場合も同様.

第3章

問題 3.1.1　(1) $f'(x) = \dfrac{x}{\sqrt{1+x^2}}$　(2) $f'(x) = \dfrac{1 - 4x^5}{(1+x^5)^2}$

(3) $f'(x) = -4\cos(-4x)$　(4) $f'(t) = -3t^2 \sin(1+t^3)$

(5) $f'(x) = e^x\{\cos(1-x^3) + 3x^2 \sin(1-x^3)\}$　(6) $f'(u) = \dfrac{2\cos(1+\sqrt[3]{u})}{3u^{\frac{2}{3}}}$

(7) $f'(x) = -\dfrac{\cos x}{(1+\sin x)^2}$　(8) $f'(s) = \dfrac{2}{\sqrt{1+s^2}\cos^2(3 + 2\sqrt{1+s^2})}$

(9) $f'(x) = \dfrac{2x}{1+x^2}$　(10) $f'(x) = 3x^2 \log(1+\sqrt{x}) + \dfrac{1+x^3}{2\sqrt{x}(1+\sqrt{x})}$

(11) $f'(t) = \dfrac{e^{\tan t}}{\cos^2 t}$　(12) $f'(x) = \dfrac{e^{\cos x}(\sin x - 2x)}{x^4}$

問題 3.1.2　(1) $f'_+(0) = 1$, $f'_-(0) = -1$

問題 3.1.3　$\Delta y = \dfrac{1}{2\sqrt{x}}\Delta x + \left(\dfrac{\sqrt{x+\Delta x} - \sqrt{x}}{\Delta x} - \dfrac{1}{2\sqrt{x}}\right)\Delta x$

問題 3.1.4

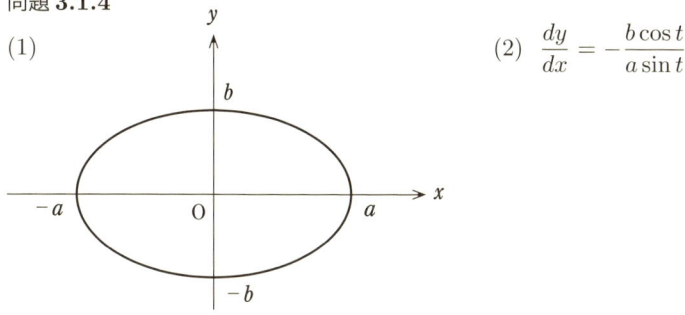

(1)　　　　　　　　　　　　　　　　(2) $\dfrac{dy}{dx} = -\dfrac{b\cos t}{a\sin t}$

問題 3.2.1　(1) $x^3 = a^3 + 3\{a + \theta(x-a)\}^2(x-a)$

(2) $\sqrt{x} = \sqrt{a} + \dfrac{x-a}{2\sqrt{a+\theta(x-a)}}$　(3) $\log x = \log a + \dfrac{x-a}{a+\theta(x-a)}$

問題 **3.2.2** (1)

x		1		2		4	
$f'(x)$	$-$	0	$+$	0	$-$	0	$+$
$f(x)$	↘	-36	↗	-31	↘	-63	↗

極小値は $f(1) = -36$, $f(4) = -63$, 極大値は $f(2) = -31$, 最小値は $f(4) = -63$, 最大値は存在しない

(2)

x		-1		1	
$f'(x)$	$-$	0	$+$	0	$-$
$f(x)$	↘	$\frac{1}{2}$	↗	$\frac{3}{2}$	↘

$f(-1) = \dfrac{1}{2}$ が極小値かつ最小値, $f(1) = \dfrac{3}{2}$ が極大値かつ最大値

(3)

x		e	
$f'(x)$	$+$	0	$-$
$f(x)$	↗	$\frac{1}{e}$	↘

$f(e) = \dfrac{1}{e}$ が極大値かつ最大値, 極小値と最小値は存在しない

問題 **3.2.3** (1) $\cos x = 1 - \dfrac{1}{2!}x^2 + \dfrac{1}{4!}x^4 - \dfrac{\sin\theta x}{5!}x^5$

(2) $\log(1+x) = x - \dfrac{1}{2}x^2 + \dfrac{1}{3}x^3 - \dfrac{1}{4}x^4 + \dfrac{1}{5(1+\theta x)^5}x^5$

(3) $\log x = 1 + \dfrac{1}{e}(x-e) - \dfrac{1}{2e^2}(x-e)^2 + \dfrac{1}{3e^3}(x-e)^3 - \dfrac{1}{4e^4}(x-e)^4 + \dfrac{1}{5(e+\theta(x-e))^5}(x-e)^5$

(4) $e^x = 1 + x + \dfrac{1}{2!}x^2 + \dfrac{1}{3!}x^3 + \dfrac{1}{4!}x^4 + \dfrac{e^{\theta x}}{5!}x^5$

(5) $e^x = e + e(x-1) + \dfrac{e}{2!}(x-1)^2 + \dfrac{e}{3!}(x-1)^3 + \dfrac{e}{4!}(x-1)^4 + \dfrac{e^{1+\theta(x-1)}}{5!}(x-1)^5$

(6) $e^{x^2} = 1 + x^2 + \dfrac{1}{2}x^4 + \dfrac{1}{15}\{15\cdot\theta x + 20\cdot(\theta x)^3 + 4\cdot(\theta x)^5\}e^{(\theta x)^2}x^5$

(いづれも $0 < \theta < 1$)

問題 **3.2.4**
(1)

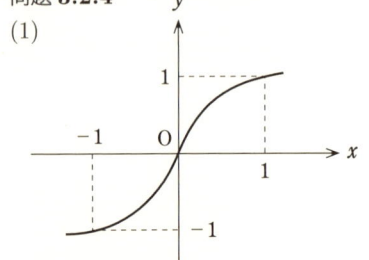

(2)

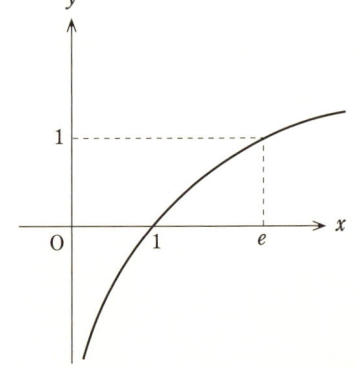

(3)

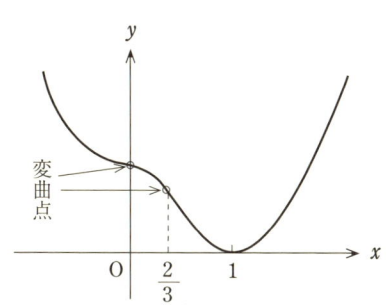

[グラフ: 変曲点 $\frac{2}{3}$, $x=1$ 付近の曲線]

問題 3.2.5 (1) $x - \frac{1}{2}x^2 + \frac{1}{3}x^3 - \frac{1}{4}x^4$ に $x = 0.1$ を代入して近似値 0.0503083 を得る．Lagrange 剰余の絶対値は $\left|\frac{1}{5(1+\theta x)^5}x^5\right| < \frac{1}{5} \cdot (0.1)^5 = 0.000002$ であるから，$0.0503083 - 0.000002 < \log(1.1) < 0.0503083 + 0.000002$．

(2) $\sin x = x - \frac{x^3}{3!} + \frac{x^5}{5!} - \frac{\cos(\theta x)}{7!}x^7$

(3) $x - \frac{x^3}{3!} + \frac{x^5}{5!}$ に $x=0.1$ を代入して 0.0998334 を得る．Lagrange 剰余の絶対値は $\left|\frac{\cos(\theta x)}{7!}x^7\right| < \frac{1}{7!} \cdot (0.1)^7 = 1.984 \times 10^{-11}$．

問題 3.3.1 (1) 1 (2) $\frac{1}{2}$ (3) $\frac{1}{2}$ (4) -1 (5) 1 (6) 1 (7) $\frac{1}{2}$

第 4 章

問題 4.1.1 (1) $\frac{1}{8}\log\left(x - \frac{1}{8}\right) + C$ (2) $\frac{1}{48}(3p-2)^{16} + C$ (3) $\frac{1}{\log 5}5^s + C$

(4) $-\frac{1}{3}\cos(3x) + C$ (5) $-\frac{1}{5}\tan(-5x+2) + C$

(6) $\frac{1}{7(\alpha+1)}(7t+2)^{\alpha+1} + C$ $(\alpha \neq -1)$, $\frac{1}{7}\log|7t+2| + C$ $(\alpha = -1)$

(7) $\log|u + \sqrt{u^2+1}| + C$ (8) $\sin^{-1}\frac{x}{\sqrt{2}} + C$ (9) $\frac{1}{\sqrt{5}}\tan^{-1}\frac{v}{\sqrt{5}}$

(10) $-\frac{1}{5}\log|\cos(5x)| + C$ (11) $\log|\sin u| - \frac{2}{3}u^{\frac{3}{2}} + C$

問題 4.1.2 (1) $\frac{1}{2}\left\{\frac{x}{x^2+1} + \tan^{-1} x\right\} + C$

(2) $\frac{x}{8(x^2+2)^2} + \frac{3x}{32(x^2+2)} + \frac{3}{32\sqrt{2}}\tan^{-1}\frac{x}{\sqrt{2}} + C$

(3) $\frac{1}{2}e^x(\sin x - \cos x)$ (4) $\frac{1}{13}e^{-2t}(-2\cos 3t + 3\sin 3t)$

問題 4.1.3 (1) $\frac{3}{2}\log(x^2 + x + 3) - \frac{2}{\sqrt{11}}\tan^{-1}\frac{2}{\sqrt{11}}\left(x + \frac{1}{2}\right) + C$

(2) $x - 2\log|x+1| + 3\log|x-3| + C$ (3) $\dfrac{1}{3}u^3 - \dfrac{1}{u-3} + \log|u(u-3)(u+1)^2| + C$

(4) $\dfrac{6x+5}{x^2+x+1} + 3x + \sqrt{3}\tan^{-1}\dfrac{2}{\sqrt{3}}\left(x+\dfrac{1}{2}\right) + \dfrac{3}{2}\log(x^2+x+1) + \log|x+1| + C$

問題 **4.1.4** (1) $\dfrac{3}{2}\{x^{\frac{2}{3}} - \log(1+x^{\frac{2}{3}})\} + C$

(2) $\dfrac{1}{8}(x+\sqrt{x^2+ax})^2 + \dfrac{a}{8}(x+\sqrt{x^2+ax}) - \dfrac{a^2}{8}\log|2x+2\sqrt{x^2+ax}+a| - \dfrac{a^4}{32\cdot(2x+2\sqrt{x^2+ax}+a)^2} + C$

(3) $(3-x)\sqrt{\dfrac{1-x}{x-3}} - \dfrac{5}{3}(x-3)^2\sqrt{\dfrac{1-x}{x-3}} - \dfrac{1}{3}(x-3)^3\sqrt{\dfrac{1-x}{x-3}} + 2\tan^{-1}\sqrt{\dfrac{1-x}{x-3}} + C$

(4) $\dfrac{1}{\sqrt{2}}\log\left|\dfrac{\tan\frac{x}{2}+1-\sqrt{2}}{\tan\frac{x}{2}+1+\sqrt{2}}\right| + C$

(5) $-\dfrac{1}{2}\log\left(\tan^2\dfrac{x}{2}+1\right) + \dfrac{x}{2} + \dfrac{1}{2}\log\left|\dfrac{\tan\frac{x}{2}-(1+\sqrt{2})}{\tan\frac{x}{2}-(1-\sqrt{2})}\right| + C$

問題 **4.2.1** (1) $\dfrac{2}{5}$ (2) $\dfrac{7}{6}$ (3) $\dfrac{\pi}{3\sqrt{3}}$ (4) $-\dfrac{1}{2}\log 3$ (5) $\dfrac{2\pi}{4+\pi}$

問題 **4.3.1** (1) -1 (2) $\dfrac{5}{4}$ (3) 発散 (4) $\dfrac{\pi}{2}$

問題 **4.3.2** 関数 $\dfrac{1}{x}$ は $x=0$ で不連続, $\displaystyle\int_{-1}^{0}\dfrac{dx}{x}, \int_{0}^{1}\dfrac{dx}{x}$ はどちらも発散

問題 **4.3.3** (1) $\dfrac{1}{3}$ (2) $\dfrac{\pi}{\sqrt{a}}$ (3) $\dfrac{4\pi}{3\sqrt{3}}$ (4) $\dfrac{\pi}{4}$

問題 **4.4.1** (1) $r=3, \theta=0$, または $r=-3, \theta=\pi$

(2) $r=4, \theta=\dfrac{7\pi}{6}$, または $r=4, \theta=-\dfrac{5\pi}{6}$, または $r=-4, \theta=\dfrac{\pi}{6}$

(3) $r=1, \theta=\dfrac{3\pi}{2}$, または $r=1, \theta=-\dfrac{\pi}{2}$, または $r=-1, \theta=\dfrac{\pi}{2}$

(4) $r=\sqrt{2}, \theta=\dfrac{7\pi}{4}$, または $r=\sqrt{2}, \theta=-\dfrac{\pi}{4}$, または $r=-\sqrt{2}, \theta=\dfrac{3\pi}{4}$

(5) $x=1, y=\sqrt{3}$ (6) $x=-3, y=4$ (7) $x=2, y=0$

(8) $x=\dfrac{1}{4}, y=-\dfrac{\sqrt{3}}{4}$

問題 **4.4.2**
(1) $\sqrt{x^2+y^2} = \tan^{-1}\dfrac{y}{x}$ $(x>0)$ (2) $x^2+y^2=y$

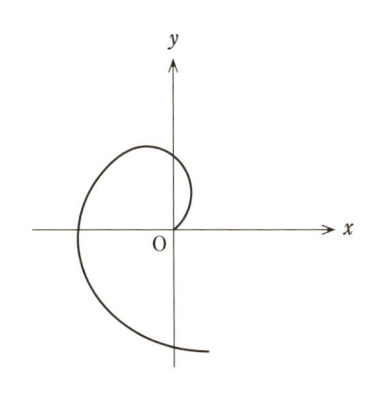

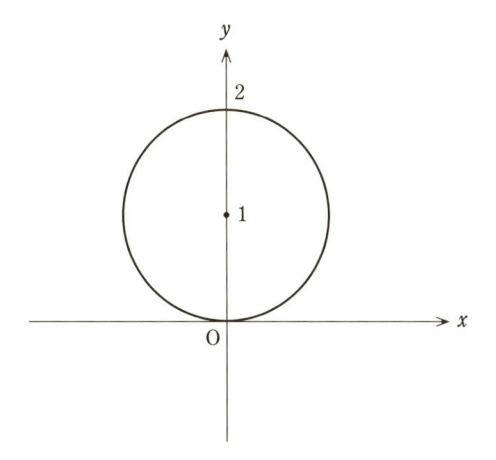

(3) $x^2+y^2=x$ (4) $(x^2+y^2)^{\frac{3}{2}}=2xy$

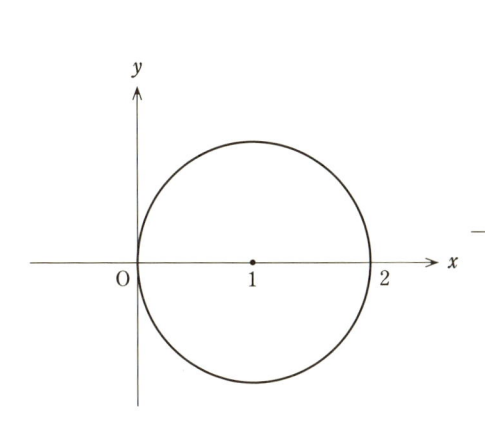

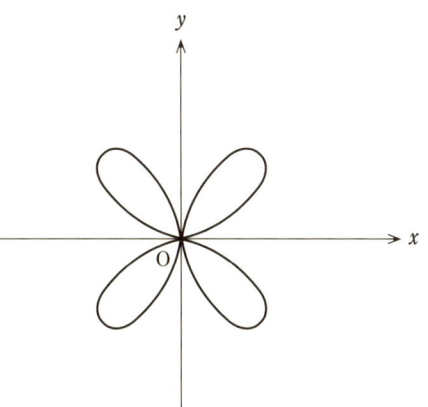

問題 **4.4.3**　(1) $\dfrac{\pi}{8}$　(2) $\dfrac{1}{4}(e^{\frac{\pi}{2}}-1)$

問題 **4.4.4**　(1) $\displaystyle\int_{-1}^{1}\sqrt{1+(2x)^2}\,dx = \dfrac{1}{4}\{2+3\sqrt{5}+2\log(2+\sqrt{5})\}$

(2) $\displaystyle\int_{0}^{4}\sqrt{1+\left(\dfrac{3}{2}\sqrt{x}\right)^2}\,dx = \dfrac{8}{27}(10\sqrt{10}-1)$

問題 **4.4.5**　$2\pi r$

問題 **4.4.6**　$8a$

190 問題略解

問題 **4.5.1** (1) $\dfrac{2}{(1+4x^2)^{\frac{3}{2}}}$ (2) $\dfrac{a}{y^2}$ (3) $\dfrac{2ax^3}{(a^2+x^4)^{\frac{3}{2}}}$

第 4 章の章末問題

1. (1) $p, q \geqq 1$ のときは通常の積分．$0 < p < 1$ のとき，定理 4.3.2 で $a = 0$, $\lambda = 1 - p$ とする．$x^\lambda f(x) = (1-x)^{q-1}$ は 0 の右近傍で有界であるから，与えられた異常積分は絶対収束する．$0 < q < 1$ のときも同様．

(2) 部分積分により，$B(p, q) = \left[\dfrac{1}{p} x^p (1-x)^{q-1} \right]_0^1 + \dfrac{q-1}{p} \int_0^1 x^p (1-x)^{q-2} dx = \dfrac{q-1}{p} B(p+1, q-1)$．また，$B(p+q-1, 0) = \displaystyle\int_0^1 x^{p+q-2} dx = \dfrac{1}{p+q-1}$．

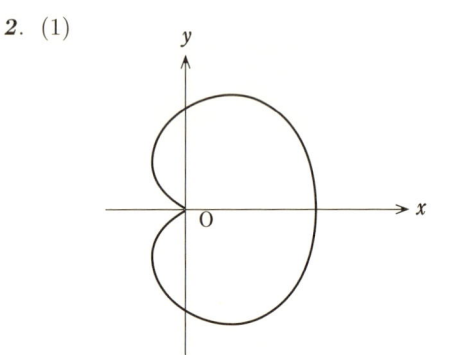

2. (1) (2) $\dfrac{3\pi a^2}{2}$

3. $f(x) = a_1 \ (0 \leqq x \leqq 1),\ f(x) = a_2 \ (1 < x \leqq 2),\cdots, f(x) = a_n \ (n-1 < x \leqq n)$, $g(x) = b_1 \ (0 \leqq x \leqq 1),\ g(x) = b_2 \ (1 < x \leqq 2),\cdots, g(x) = b_n \ (n-1 < x \leqq n)$ の区間 $[0, n]$ における定積分に §4.2 の Schwarz の不等式を適用する（有限個の点で不連続でも定積分できる）．

5. (1)

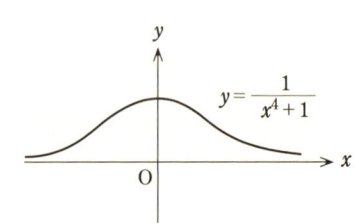

(2) $\dfrac{1}{4\sqrt{2}} \log \dfrac{(a^2 - \sqrt{2}a + 1)(b^2 + \sqrt{2}b + 1)}{(a^2 + \sqrt{2}a + 1)(b^2 - \sqrt{2}b + 1)} + \dfrac{1}{2\sqrt{2}} \{\tan^{-1}(\sqrt{2}b+1) - \tan^{-1}(\sqrt{2}a+1)\} - \dfrac{1}{2\sqrt{2}} \{\tan^{-1}(\sqrt{2}b-1) - \tan^{-1}(\sqrt{2}a-1)\}$

6. (1) $\dfrac{1}{2} \left\{ x\sqrt{x^2 + a} + a \log |x + \sqrt{x^2 + a}| \right\} + C$

(2) $\dfrac{1}{2}\left\{x\sqrt{a-x^2}+a\sin^{-1}\dfrac{x}{\sqrt{a}}\right\}+C$

(3) $\log|x|+\dfrac{1}{x}-\dfrac{1}{2}\log(x^2+x+1)+\sqrt{3}\tan^{-1}\dfrac{2}{\sqrt{3}}\left(x+\dfrac{1}{2}\right)+C$

(4) $\dfrac{1}{3}\tan(3y-1)+C$

第5章

問題5.1.1 たとえば，長方形 M の外部が開集合であることは次のように示す．M の外部の点をPとする．正の数 ε を十分小さくとれば，Pを中心とする半径 ε の円が長方形 S に触れないようにできる（右図）．このとき $U(\mathrm{P},\varepsilon)$ は S の外部に含まれる．

問題5.1.3 (1) M が開集合であると仮定する．$I(M)\subseteq M$ は定義より明らか．Pを M の任意の点とする．M は開集合であるから，$U(\mathrm{P},\varepsilon)\subseteq M$ となる正の数 ε が存在する．したがって，$\mathrm{P}\in I(M)$ である．よって，$M=I(M)$ である．

逆に，$M=I(M)$ であると仮定する．M の任意の点をPとすると，$\mathrm{P}\in I(M)$ であるから，$U(\mathrm{P},\varepsilon)\subseteq M$ となる正の数 ε が存在する．よって，M は開集合である．
(2) (1) とほぼ同様．

問題5.2.1 (1) 点 $(1,-1)$ に収束 (2) 発散 (3) 原点に収束 (4) 点 $(0,1)$ に収束

問題5.2.2 (1) $f(1,0)=0,\ f(0,1)=0,\ f\left(\dfrac{1}{2},\dfrac{1}{2}\right)=\dfrac{1}{\sqrt{2}},\ f\left(-\dfrac{1}{2},\dfrac{1}{2}\right)=\dfrac{1}{\sqrt{2}}$

(2) $x^2+y^2=\dfrac{1}{2}$ (3) $g'(x)=-\dfrac{x}{\sqrt{1-x^2}},\ h'(y)=-\dfrac{2y}{\sqrt{1-2y^2}}$

問題5.2.3 (1) 方程式 $z=x-3y$ で表される平面
(2) 球 $x^2+y^2+z^2=1$ の xy 平面より上の部分
(3) 右図のような形

問題5.2.4 (1) ε に対して（たとえば）$0<\delta<\dfrac{\varepsilon}{3}$ である δ をとれば $|x-1|<\delta,\ |y-1|<\delta$ のとき $|f(x,y)-3|<\varepsilon$．
(2) $|x|<\delta,\ |y|<\delta$ としてみる．

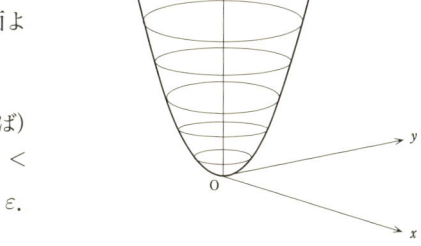

$$\dfrac{x^2-2y^2}{\sqrt{x^2+y^2}}=\dfrac{(x^2+y^2)-3y^2}{\sqrt{x^2+y^2}}\leq \sqrt{x^2+y^2}+\dfrac{3y^2}{\sqrt{x^2+y^2}}$$
$$\leq \sqrt{x^2+y^2}+3|y|\leq \sqrt{2\delta^2}+3\delta<(\sqrt{2}+3)\delta$$

であるから，たとえば ε を $0<\delta<\dfrac{\varepsilon}{\sqrt{2}+3}$ であるようにとればよい．

問題 **5.2.5** 最大値は $f(1,1) = 3$, 最小値は $f(0,0) = 0$

問題 **5.2.6** (1) $(1-t, 2t)$ (2) $f(t) = 1 + 4t + t^2$ (3) $t = \dfrac{1}{3}$

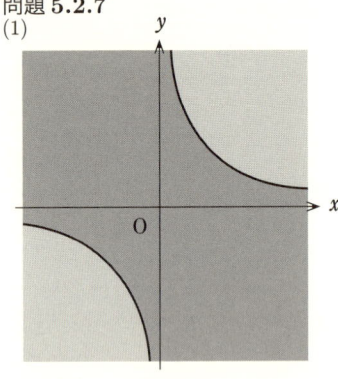

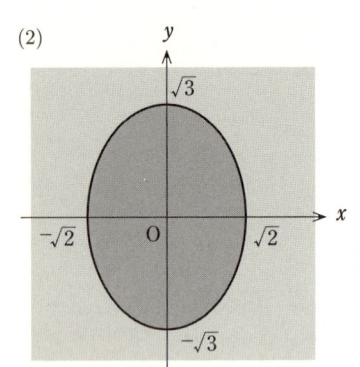

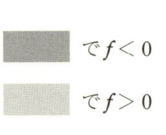

問題 **5.2.7**
(1) (2)

で $f < 0$

で $f > 0$

曲線上で $f = 0$

問題 **5.3.1** (1) $\dfrac{\partial f}{\partial x} = 4x^3 - ay,\ \dfrac{\partial f}{\partial y} = -ax$

(2) $\dfrac{\partial f}{\partial x} = 2x\cos(x^2 - y^3),\ \dfrac{\partial f}{\partial y} = -3y^2\cos(x^2 - y^3)$

(3) $\dfrac{\partial f}{\partial x} = \dfrac{-ax^2 + ay^2}{(x^2 + y^2)^2},\ \dfrac{\partial f}{\partial y} = \dfrac{-2ax^2}{(x^2 + y^2)^2}$

(4) $\dfrac{\partial f}{\partial x} = \dfrac{-y}{x^2 + y^2},\ \dfrac{\partial f}{\partial y} = \dfrac{x}{x^2 + y^2}$

(5) $\dfrac{\partial f}{\partial x} = \dfrac{-x^2 + 2xy + 3y^2}{(x^2 + 3y^2)\sqrt{(x^2 + 3y^2)^2 - (x-y)^2}}$,

$\dfrac{\partial f}{\partial y} = \dfrac{-x^2 - 6xy + 3y^2}{(x^2 + 3y^2)\sqrt{(x^2 + 3y^2)^2 - (x-y)^2}}$

(6) $\dfrac{\partial f}{\partial x} = -\dfrac{1}{2\sqrt{(x+2y)^3}},\ \dfrac{\partial f}{\partial y} = -\dfrac{1}{\sqrt{(x+2y)^3}}$

(7) $\dfrac{\partial f}{\partial x} = e^{x-3y^2},\ \dfrac{\partial f}{\partial y} = -6ye^{x-3y^2}$

(8) $\dfrac{\partial f}{\partial x} = \log 2 \cdot 2^{x-y},\ \dfrac{\partial f}{\partial y} = -\log 2 \cdot 2^{x-y}$

(9) $\dfrac{\partial f}{\partial x} = \dfrac{3x^2}{x^3 - 5y},\ \dfrac{\partial f}{\partial y} = -\dfrac{5}{x^3 - 5y}$

(10) $\dfrac{\partial f}{\partial x} = -\dfrac{1}{x + 2y},\ \dfrac{\partial f}{\partial y} = -\dfrac{2}{x + 2y}$

問題 **5.3.2** (1) $df = \dfrac{1}{2\sqrt{x}}\,dx + 2dy$ (2) 0.0024998 (3) 0.0025

問題 **5.3.3** (1) $\dfrac{-r\cos\theta\sin\theta - r\sin^2\theta + r\cos^2\theta}{\sqrt{\cos^2\theta + \cos\theta\sin\theta}}$ (2) $\dfrac{2-4t}{\sqrt{1-(x+2y)^2}}$

問題 **5.3.4** (1) $\dfrac{\partial z}{\partial r} = 9r^2\sin^2\theta\cos\theta$, $\dfrac{\partial z}{\partial \theta} = -3r^3\sin^3\theta + 6r^3\sin\theta\cos^2\theta$

(2) $\dfrac{\partial z}{\partial r} = 0$, $\dfrac{\partial z}{\partial \theta} = 1$ (3) $\dfrac{\partial z}{\partial r} = \dfrac{2}{r}$, $\dfrac{\partial z}{\partial \theta} = 0$

問題 **5.3.5** (1) $\dfrac{\partial z}{\partial x} = 3x^2 y$, $\dfrac{\partial z}{\partial y} = x^3$, $\dfrac{\partial^2 z}{\partial x^2} = 6xy$, $\dfrac{\partial^2 z}{\partial x \partial y} = x^2$, $\dfrac{\partial^2 z}{\partial y^2} = 0$

(2) $\dfrac{\partial z}{\partial x} = \dfrac{1}{y^2}$, $\dfrac{\partial z}{\partial y} = -\dfrac{2x}{y^3}$, $\dfrac{\partial^2 z}{\partial x^2} = 0$, $\dfrac{\partial^2 z}{\partial x \partial y} = -\dfrac{2}{y^3}$, $\dfrac{\partial^2 z}{\partial y^2} = \dfrac{6x}{y^4}$

(3) $\dfrac{\partial z}{\partial x} = \dfrac{y^2}{(x+y^2)^2}$, $\dfrac{\partial z}{\partial y} = -\dfrac{2xy}{(x+y^2)^2}$, $\dfrac{\partial^2 z}{\partial x^2} = -\dfrac{2y^2}{(x+y^2)^3}$, $\dfrac{\partial^2 z}{\partial x \partial y} = \dfrac{2(xy-y^3)}{(x+y^2)^3}$, $\dfrac{\partial^2 z}{\partial y^2} = \dfrac{2(4xy^2-x)}{(x+y^2)^3}$

(4) $\dfrac{\partial z}{\partial x} = -\dfrac{1}{\sqrt{1-(x-2y)^2}}$, $\dfrac{\partial z}{\partial y} = \dfrac{2}{\sqrt{1-(x-2y)^2}}$, $\dfrac{\partial^2 z}{\partial x^2} = -\dfrac{x-2y}{\{1-(x-2y)^2\}^{\frac{3}{2}}}$, $\dfrac{\partial^2 z}{\partial x \partial y} = \dfrac{2(x-2y)}{\{1-(x-2y)^2\}^{\frac{3}{2}}}$, $\dfrac{\partial^2 z}{\partial y^2} = -\dfrac{4(x-2y)}{\{1-(x-2y)^2\}^{\frac{3}{2}}}$

問題 **5.3.6** $-\dfrac{1}{2}h + k + \dfrac{1}{2}\left\{\dfrac{1+\theta k}{4(1+\theta h)^{\frac{5}{2}}}h^2 - \dfrac{1}{(1+\theta h)^{\frac{3}{2}}}hk\right\}$

問題 **5.4.1** (1) $\dfrac{\partial f}{\partial x} = y = 0$, $\dfrac{\partial f}{\partial y} = 5y^4 + x = 0$ より $(x,y) = (0,0)$. この点は問題の曲線上にはない. $\dfrac{dy}{dx} = -\dfrac{y}{5y^4+x}$ (2) $\dfrac{\partial f}{\partial x} = e^{x+y} - y = 0$, $\dfrac{\partial f}{\partial y} = e^{x+y} - x = 0$ より $x = y$, $e^{2x} - x = 0$. ところが xy 平面上で曲線 $y = e^{2x}$ と曲線 $y = x$ は交わらないから, これらをみたす点は存在しない. $\dfrac{dy}{dx} = -\dfrac{e^{x+y}-y}{e^{x+y}-x}$

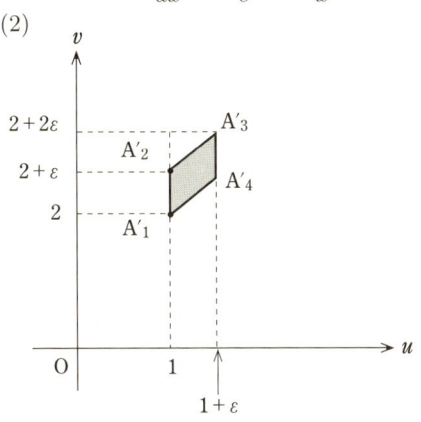

問題 **5.5.1** (1) 2 (2)

問題 **5.5.2** r

問題 **5.5.3** $r^2 \sin\phi$

問題 **5.6.1** (1) 極小値（最小値）$f(1,-1) = -1$ (2) 極値はない
(3) 極大値（最大値）$f\left(1, -\dfrac{1}{3}\right) = \sqrt{14}$

問題 **5.6.2** (1) 最大値 $f(\sqrt{3}\sqrt{34}, -\sqrt{5}\sqrt{34}) = \sqrt{34} + 1$,
最小値 $f(-\sqrt{3}\sqrt{34}, \sqrt{5}\sqrt{34}) = -\sqrt{34} + 1$
(2) 最大値 $f(0,1) = f(1,0) = 1$, 最小値 $f(0,-1) = f(-1,0) = -1$

問題 **5.7.1** $a = -4$

問題 **5.7.2** $x - 1 = -\dfrac{1}{2}(y-5),\ z = -3$

問題 **5.7.3** $-(x-2) + 5(z+1) = 0$

問題 **5.7.4** $2\sqrt{t}(X - a) = -\dfrac{Y-b}{p\sin t} = \dfrac{Z-c}{q\cos t}\quad (a = \sqrt{t})$

問題 **5.7.5** $-2(X-1) + (Y-2) - (Z-2) = 0$

第 5 章の章末問題

3. (1) $\operatorname{grad} f = \left(\dfrac{-2x}{(1-x)^2}, 2y\right)$ (2) 原点が特異点. (3)

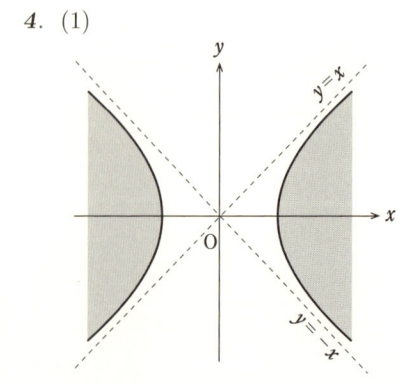

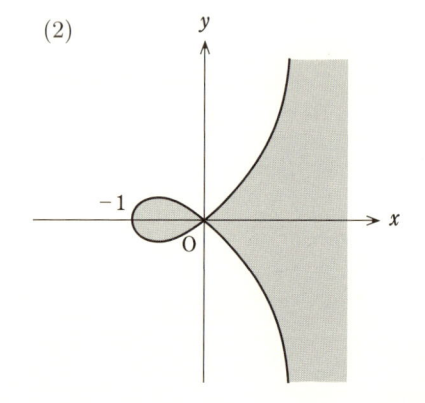

4. (1) (2)

第6章

問題 6.1.1　(1) $\dfrac{2}{15}r^3$　(2) $\dfrac{1}{16}$　(3) $\dfrac{10}{3}$

問題 6.1.2

(1) $\displaystyle\int_0^1 \left[\int_{1-\sqrt{1-y^2}}^{1+\sqrt{1-y^2}} f(x,y)\,dx\right] dy$

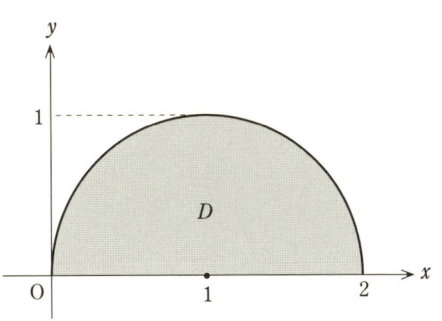

(2) $\displaystyle\int_{-1}^1 \left[\int_{-2\sqrt{1-y^2}}^{2\sqrt{1-y^2}} f(x,y)\,dx\right] dy$　(3) $\displaystyle\int_0^1 \left[\int_y^{2y} f(x,y)\,dx\right] dy + \int_1^2 \left[\int_y^2 f(x,y)\,dx\right] dy$

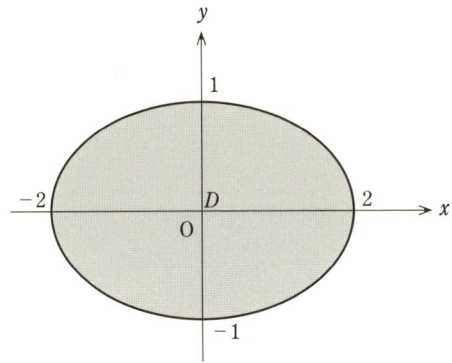

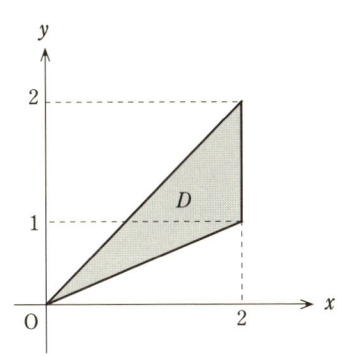

問題 6.2.1　(1) $0 \leqq r \leqq a,\ 0 \leqq \theta \leqq 2\pi$　(2) $0 \leqq r \leqq 5,\ 0 \leqq \theta \leqq \pi$
(3) $0 \leqq r \leqq 1,\ 0 \leqq \theta \leqq \dfrac{\pi}{2}$　(4) $1 \leqq r \leqq 2,\ 0 \leqq \theta \leqq 2\pi$

問題 6.2.2　(1) $\dfrac{250}{3}$　(2) $\dfrac{\pi a^4}{4}$　(3) $\dfrac{\pi}{4}(a^4 + 4a^2)$　(4) 3π

問題 6.2.3　$\dfrac{2\pi}{3}(\sqrt{2} - 1)$

問題 6.3.1　(1) -8π　(2) $\dfrac{16}{3}\pi$

問題 6.3.2　(1) $A_z = \pi(a^2 - z^2)$　(2) $\dfrac{4}{3}\pi a^3$

問題 6.3.3　$\left(\dfrac{2}{3} - \dfrac{5}{6\sqrt{2}}\right)\pi$

第 6 章の章末問題

1. (1) 積分値は $\dfrac{5}{21}$

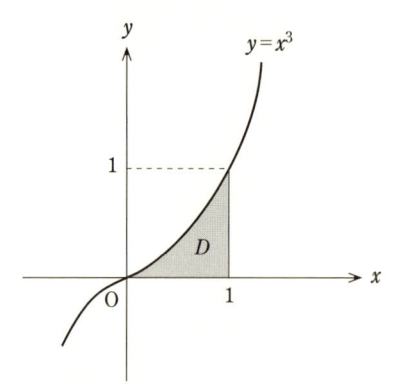

(2) 積分値は $\dfrac{\pi}{2} + \dfrac{\sqrt{8}}{3}$

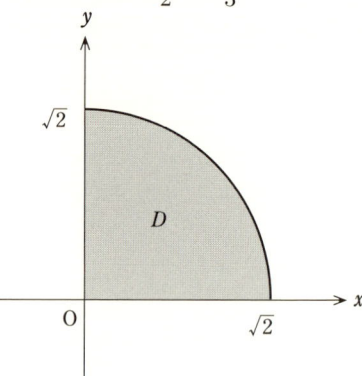

(3) 積分値は $\dfrac{3}{8}$

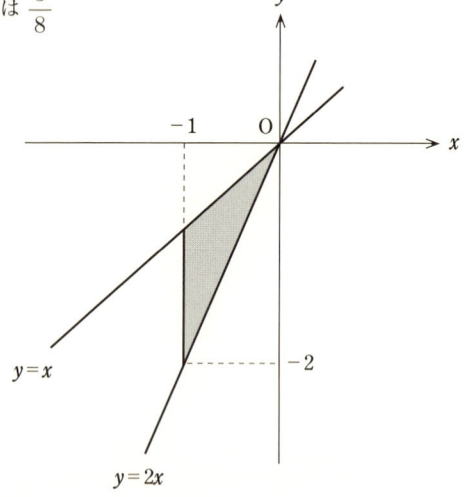

2. (3) $\dfrac{\partial(x,y)}{\partial(r,\theta)} = abr$ (4) $\dfrac{\pi ab}{4}(a^2 - 2b^2)$

3. $\dfrac{\pi}{4}\{a\sqrt{a^2+1} + \log(a+\sqrt{a^2+1})\}$

4. (1) $z = x^2 + y^2$ (2) $\dfrac{\pi}{6}\{(1+4a^2)^{\frac{3}{2}} - 1\}$

5. $\dfrac{25}{2}\pi$

6. (1)

z 軸上に頂点 a、底面が半径1、高さが a の円錐

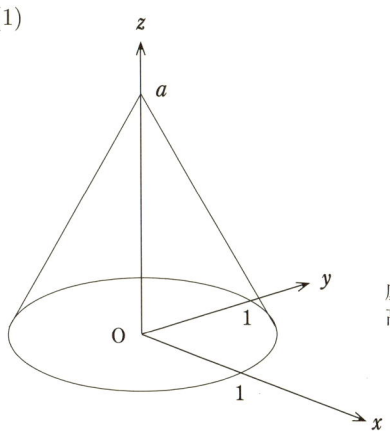

(2) $\dfrac{2}{3}\pi a$

参考文献

本書を著すにあたって以下の書物を参考にした．

[1] 三村征夫編　大学演習微分積分学　裳華房　1955 年
[2] 高木貞治　解析概論　改訂第 3 版　岩波書店　1972 年
[3] 矢野健太郎，石原繁　微分積分学　裳華房　1973 年
[4] Paul K. Rees, Fred W. Sparks, Calculus with Analytic Geometry, International Student Edition, McGraw-Hill, Kogakusha, 1969 年
[5] 溝畑茂，高橋敏雄，坂田定久　微分積分学　学術図書出版社　1993 年
[6] 隅山孝夫　線形代数学入門　サイエンス社　2000 年

索　引

◆ あ行 ◆

R ················ 8, 29, 33, 44
R^n ································ 140
R^2 ············ 107–109, 119
Archimedes の公理······ 11
異常積分························ 89
一様連続············ 40, 123
ε 近傍························ 107
陰関数·························· 135
陰関数定理··················· 135
上に凸··························· 63
上に有界·············· 21, 37
右方微分可能··············· 49
右方微分係数··············· 49
裏 ································· 7
N ································· 9
n 回微分可能··············· 61
n 回連続的微分可能····· 61
n 次元数空間············· 140
n 次（n 階）導関数···· 61
Euler の Gamma 関数 95

◆ か行 ◆

開区間························· 10
開集合······················· 107
外点·························· 110
Gauss bracket ············ 12
下端··························· 84
合併集合····················· 13
関数······················· 1, 28
関数行列式········ 141, 143
Cantor の公理············· 11
奇関数························ 88

◆ さ行 ◆

逆 ································· 7
逆関数························ 40
既約 2 次式················· 75
境界点······················ 111
共通部分····················· 13
極限値················ 29, 116
極座標························ 96
極小値······· 60, 119, 144
極大値······· 59, 119, 144
極値·························· 144
曲率·························· 103
曲率半径··················· 103
距離·························· 107
距離関数··················· 107
近傍··························· 30
偶関数························ 88
空集合························ 13
グラフ··············· 1, 115
元 ······························· 13
原始関数····················· 70
項 ······························· 17
広義積分····················· 89
公差··························· 26
勾配·························· 140
公比··························· 26
Cauchy の平均値の定理
66
誤差の評価················· 65

◆ さ行 ◆

最小値················ 38, 119
サイズ················ 83, 160
最大値················ 38, 119
左方微分可能············· 50

左方微分係数············· 50
三角不等式··············· 107
3 次（3 階）導関数····· 61
3 重積分··················· 175
C^1 ···························· 166
C^1 級の関数············· 128
C^n 級··············· 61, 134
C^2 級······················ 133
自然対数····················· 46
自然対数の底······· 28, 46
下に凸························ 63
下に有界·············· 21, 37
実数体························ 8
集合··························· 12
重積分に関する平均値の
　　定理··············· 165
収束 · 89, 90, 93, 94, 112
収束する····················· 18
従属変数············· 1, 114
十分条件····················· 14
Schwarz の不等式······ 85,
105
小区間······················· 82
上端··························· 84
初項··························· 17
数直線························ 8
数列··························· 17
積集合························ 13
積分可能····················· 83
積分定数····················· 70
積分に関する平均値の定
　　理······················ 85
絶対収束············· 92, 94
絶対値························ 9

索引

Z 8
接平面 156
漸化式 26
全称記号 6
全体集合 13
全微分 128
全微分可能 126
増減表 60
増分 52
存在記号 6

◆ た行 ◆

第 n 項 17
対偶 7
代表点 82
多変数の Taylor の定理 134
多変数の平均値の定理 126
単調 25
単調減少 25, 42
単調増加 .. 25, 36, 41
値域 29
中間値の定理 35
調和関数 157
直径 160
強い意味で単調減少 ... 42
強い意味で単調増加 ... 42
強い意味の極小値 ... 119, 145
強い意味の極大値 ... 119, 145
強い意味の極値 145
Taylor 展開 62
Taylor の定理 61
点列 112
導関数 50
等交曲線 98
等差数列 26
同値 14
等比数列 26
特異点 140
独立変数 1, 114
de Morgan の法則 13, 14

de l'Hospital の定理 .. 66

◆ な行 ◆

内点 110
二項定理 16
2 次（2 階）導関数 ... 61
2 次（2 階）の偏導関数 131
2 重積分 160

◆ は行 ◆

媒介変数 57
媒介変数表示 57
発散 89, 112
発散する 18
パラメーター 57
パラメーター表示 ... 57
パラメータ表示による方程式 152
半開区間 11
左極限 30
左連続 33
必要十分条件 14
必要条件 14
微分可能 48, 50
微分係数 48
微分積分学の基本定理 86
非連結 120
不定積分 70
不等式 10
部分集合 13
部分列 22, 114
分割 82
分点 82
平均値の定理 58
閉区間 10
閉集合 108
偏角 96
変数 1
偏導関数 124
偏微分可能 124
偏微分係数 124
偏微分の順序交換に関する定理 131

方向ベクトル 153
法線ベクトル 153
方程式 152
補集合 13

◆ ま行 ◆

Maclaurin 展開 62
右極限 30
右連続 32
道 119
無限回微分可能 61
無理数 8
命題 5
命題変数 6

◆ や行 ◆

有界 21, 37, 113
有理関数 74
有理数 8
要素 13

◆ ら行 ◆

Leibniz の公式 68
Lagrange 剰余 62
Lagrange の未定乗数法 149
Landau の記号 54
流通座標 155
累次積分 163
連結 120
連続 32, 33, 118, 123
連続写像 119
連比 153
Rolle の定理 58
論理記号 5
論理的同値 6

◆ わ行 ◆

Weierstrass の集積点定理 22
和集合 13

著　者

隅山(すみやま)　孝夫(たかお)

1975 年　名古屋大学理学部数学科卒業
1977 年　岡山大学大学院理学研究科修士課程修了
現在　　愛知工業大学 教授，博士（理学）

微分積分学(びぶんせきぶんがく)の基礎(きそ)

2006 年 4 月 10 日　第 1 版　第 1 刷　発行
2008 年 3 月 10 日　第 1 版　第 3 刷　発行
2010 年 10 月 30 日　第 2 版　第 1 刷　発行
2021 年 3 月 30 日　第 2 版　第 3 刷　発行

著　者　　隅山(すみやま)　孝夫(たかお)
発 行 者　　発田 和子
発 行 所　　株式会社　学術図書出版社

〒113−0033　東京都文京区本郷 5 丁目 4 の 6
TEL 03−3811−0889　振替 00110−4−28454
印刷　サンエイプレス（有）

定価はカバーに表示してあります．

本書の一部または全部を無断で複写（コピー）・複製・転載することは，著作権法でみとめられた場合を除き，著作者および出版社の権利の侵害となります．あらかじめ，小社に許諾を求めて下さい．

© 2006, 2010　T. SUMIYAMA　Printed in Japan
ISBN978−4−87361−843−2　C3041